Samaneh Jafari

Investigar a utilização da nanoquímica na indústria

Samaneh Jafari

Investigar a utilização da nanoquímica na indústria

ScienciaScripts

Imprint

Any brand names and product names mentioned in this book are subject to trademark, brand or patent protection and are trademarks or registered trademarks of their respective holders. The use of brand names, product names, common names, trade names, product descriptions etc. even without a particular marking in this work is in no way to be construed to mean that such names may be regarded as unrestricted in respect of trademark and brand protection legislation and could thus be used by anyone.

Cover image: www.ingimage.com

This book is a translation from the original published under ISBN 978-620-6-77430-3.

Publisher:
Sciencia Scripts
is a trademark of
Dodo Books Indian Ocean Ltd. and OmniScriptum S.R.L publishing group

120 High Road, East Finchley, London, N2 9ED, United Kingdom
Str. Armeneasca 28/1, office 1, Chisinau MD-2012, Republic of Moldova, Europe
Printed at: see last page
ISBN: 978-620-8-10667-6

Investigar a utilização da nanoquímica na indústria

Por

Samaneh Jafari

Departamento de Nano-Química, Faculdade de Química Farmacêutica,

Ciências Médicas de Teerão, Universidade Islâmica Azad, Teerão, Irão

1

Samaneh Jafari

Departamento de Nano-Química, Faculdade de Química Farmacêutica, Ciências Médicas de Teerão, Universidade Islâmica Azad, Teerão, Irão

Índice

Capítulo 1: Nanoquímica

Introdução

A nanoquímica é um subcampo emergente da química e da ciência dos materiais. Esta ciência lida com as propriedades únicas associadas a colecções de átomos ou moléculas à escala nanométrica (1-100 nm). As propriedades atómicas e moleculares dizem principalmente respeito aos graus de liberdade dos átomos na tabela periódica, mas a nanoquímica introduz graus de liberdade adicionais que controlam o comportamento dos materiais à medida que transitam para o estado de solução. A tecnologia acima referida trata do desenvolvimento de novos métodos para criar materiais à nanoescala. Para resolver problemas actuais, esta tecnologia provoca comportamentos diferentes dos comportamentos normais e esperados dessa substância.

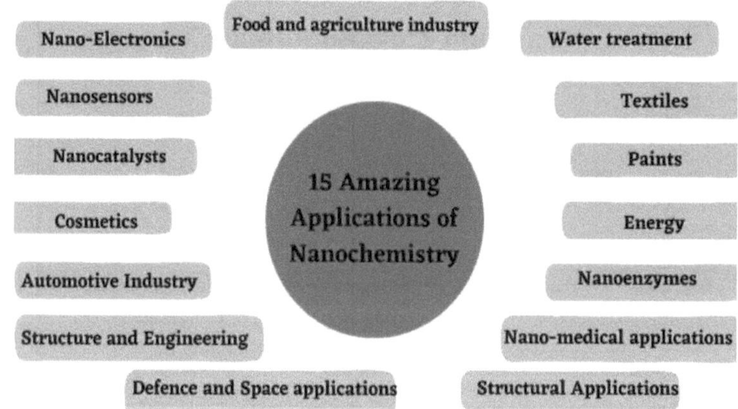

Figura 1. Nanopartículas

A importância da nanoquímica

Esta ciência geralmente não existe isoladamente, mas trabalha em conjunto com a nanofísica, a nanobiologia, a nanoelectrónica, os nanomateriais e a não-manufatura. Estas ciências são coletivamente conhecidas como nanotecnologia ou nanociência. Na química nanotecnológica, o objetivo é fazer mais com menos.

Esta tecnologia reforça as propriedades dos materiais produzidos. Por exemplo, permite a produção de materiais com maior durabilidade e menor massa física. Por conseguinte, esta tecnologia é vital para o desenvolvimento sustentável da nossa economia e sociedade.

Aplicações da nanoquímica

A utilização desta ciência, juntamente com a nanotecnologia, está a aumentar de dia para dia. A nanoquímica é parte integrante de muitos estudos e aplicações da nanotecnologia. Esta ciência é utilizada em química, física, ciência dos materiais, engenharia, indústrias biológicas e médicas, informática, produção e síntese de polímeros e muitos outros domínios.

A nanoquímica tem muitas aplicações na medicina, na eletrónica, etc. As aplicações médicas incluem o diagnóstico e o tratamento do cancro, a administração de medicamentos no ponto de necessidade do organismo, o crescimento de novos órgãos, técnicas não cirúrgicas, etc. O nanoquímico deve certificar-se de que as propriedades químicas das nanopartículas utilizadas não são prejudiciais para o doente. Todos nós temos um material nanocompósito natural dentro de nós. É o caso dos ossos, que são nanocompostos de cristais de hidroxiapatite de cálcio e colagénio.

O impacto da nanoquímica na vida quotidiana

Uma área em que esta ciência afecta a vida quotidiana normal é a tecnologia dos materiais. A adição de nanopartículas aos tecidos pode ajudar a prevenir o crescimento microbiano. A nano prata é especificamente utilizada para prevenir e controlar o crescimento microbiano. Outra aplicação quotidiana da nanoquímica é a produção de componentes de fibra de carbono para equipamento desportivo, peças para automóveis, etc.

Provavelmente, a maioria de nós já utilizou nanopartículas de dióxido de titânio e de óxido de zinco em protectores solares para absorver e repelir os raios UV nocivos do sol. Muitos dos nossos automóveis utilizam partículas nanoquímicas para proteger as cores brilhantes.

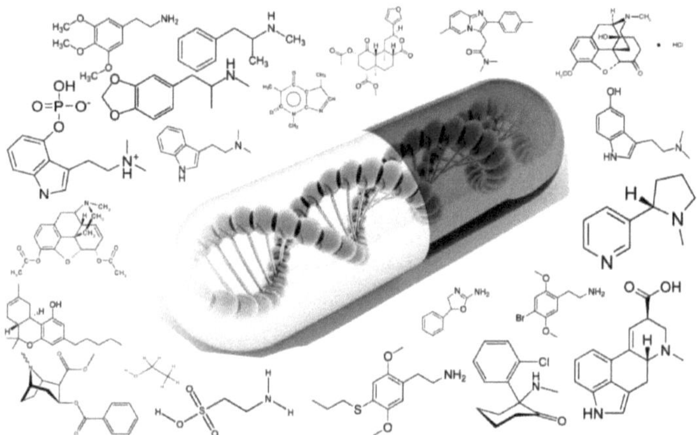

Figura 2. Nanotecnologia e química dos materiais

O futuro da nanoquímica

Uma vez que os nanomateriais podem melhorar significativamente as propriedades e as funções de um objeto, esperamos ver uma maior utilização desta tecnologia no futuro, mas há muitos factores envolvidos na obtenção de mais nanomateriais fora do laboratório e no mercado. O fator mais importante é o papel do nanoquímico. Este deve ser capaz de realizar sínteses fáceis e adaptadas de nanomateriais com as funções desejadas e a baixo custo.

Domínios de aplicação da nanoquímica

Atualmente, os nano-químicos trabalham em química biomédica, química de polímeros, síntese de produtos e muitos outros domínios. Utilizam uma grande variedade de métodos para preparar e montar pequenos pedaços de matéria com novos comportamentos electrónicos, magnéticos, ópticos, químicos e mecânicos.

A sílica, o ouro, o polidimetilsiloxano, o seleneto de cádmio, o óxido de ferro e o carbono são materiais que demonstram o poder transformador da nanoquímica. Este domínio científico pode produzir o material de contraste mais eficaz para a ressonância magnética, que tem a capacidade de identificar cancros e até de os eliminar nas fases iniciais. A sílica (vidro) pode ser utilizada para dobrar ou impedir a passagem da luz através dela.

Os países em desenvolvimento estão também a utilizar o silício para produzir circuitos para líquidos, para desenvolver a capacidade de detetar agentes patogénicos no mundo. Na nanoquímica, o carbono é utilizado sob várias formas, tendo-se tornado uma das principais escolhas para materiais electrónicos. Em geral, a nanoquímica não se preocupa com a estrutura atómica dos compostos. Em vez disso, trata-se de diferentes métodos de transformação de materiais para resolver problemas actuais em diferentes domínios. A química lida principalmente com os graus de liberdade dos átomos na tabela periódica, mas a nanoquímica lida com outros graus de liberdade que controlam o comportamento dos materiais.

Os métodos nanoquímicos podem ser utilizados para produzir nanomateriais de carbono, como os nanotubos de carbono (CNT), o grafeno e os fulerenos, que têm recebido atenção nos últimos anos devido às suas notáveis propriedades mecânicas e eléctricas. Uma vez que quase todos os átomos de uma nanopartícula se encontram na superfície, estas partículas têm propriedades químicas e físicas especiais que diferem das de moléculas individuais ou de formações maiores de átomos ou moléculas.

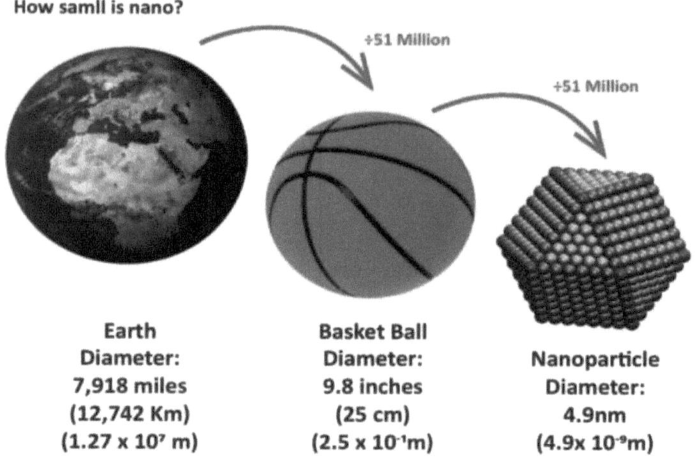

Figura 3. Comparação de valores nanométricos

Os nanoquímicos desenvolvem novos produtos farmacêuticos, materiais estruturais, componentes de dispositivos electrónicos, materiais emissores de luz e muitos outros produtos, muitos dos quais já estão disponíveis comercialmente. Os nanoquímicos podem também estudar os efeitos das nanopartículas no ar e na água sobre a saúde e a segurança, ou utilizar nanopartículas para limpar ou neutralizar poluentes.

Vantagens da utilização da nanoquímica

Uma das aplicações mais importantes da nanoquímica é a medicina, e um dos produtos mais simples para o cuidado da pele fabricados com tecnologia não química é o protetor solar. Os protectores solares contêm nanopartículas de óxido de zinco e dióxido de titânio. Estes compostos protegem a pele da radiação UV nociva, absorvendo ou reflectindo a luz da pele.

Os métodos emergentes de administração de fármacos, que incluem métodos nanotecnológicos, podem ser eficazes para melhorar a resposta do organismo, a orientação específica e o metabolismo não tóxico dos fármacos.

Atualmente, muitos métodos e nanomateriais têm um bom desempenho na administração de medicamentos e podem ser utilizados para enviar materiais específicos para diferentes partes do corpo. A nanoquímica pode também ser eficaz na cicatrização de feridas e abrasões e ajudar a tratar feridas e abrasões através da produção de nanofibras.

Para além das propriedades antibióticas e da criação de um ambiente controlado, estes compostos podem também ajudar a curar feridas, estimulando o crescimento e a proliferação celular. Atualmente, os novos desenvolvimentos em nanoquímica produziram uma variedade de nanoestruturas com propriedades significativas e controláveis. Algumas das aplicações destes materiais nanoestruturados incluem SAMs e litografia, a utilização de nanofios em sensores e nanoenzimas, que ajudam muito a resolver os problemas actuais dos seres humanos em vários domínios.

Aplicações da nanoquímica

Com o aumento do conhecimento sobre os nanomateriais e a expansão da nanotecnologia, esta ciência conseguiu hoje ocupar um lugar especial em muitas ciências e indústrias diferentes. Uma simples pesquisa no Google ajudá-lo-á a informar-se completa e pormenorizadamente sobre cada um destes domínios.

1- Medicina: Uma das aplicações mais vastas da nanoquímica, que tem sido muito investigada, é a medicina. Por exemplo, a tecnologia nanoquímica é utilizada na preparação de protectores solares. Os protectores solares contêm nanopartículas de óxido de zinco e dióxido de titânio. Ao absorverem ou reflectirem a luz, estes nanomateriais protegem a pele dos raios ultravioleta e evitam danos na pele.

2- Libertação de fármacos: a utilização da nanoquímica na libertação de fármacos, incluindo a nanotecnologia, pode ser útil para melhorar a resposta do organismo, a orientação específica, o metabolismo eficiente e não tóxico. Os materiais ideais são nanomateriais activos controlados utilizados para a administração de medicamentos no organismo. Por exemplo, as nanopartículas de sílica têm recebido muita atenção na investigação atual devido à sua elevada área de superfície e elevada flexibilidade. Há muitas formas de ativar moléculas de fármacos. Um desses métodos é a utilização de luz com um determinado comprimento de onda para libertar o fármaco. Recentemente, os nanodiamantes (nanocarbono) mostraram potencial para a libertação de fármacos devido à sua não toxicidade, à absorção espontânea através da pele e à capacidade de penetrar na barreira hemato-encefálica.

3- Engenharia de tecidos: Uma vez que as células são muito sensíveis às caraterísticas nanotopográficas, a otimização das superfícies na engenharia de tecidos alargou os limites da implantação. Nas condições corretas, a estrutura 3D é utilizada para orientar as moléculas das células para o crescimento do órgão artificial. Estas estruturas 3D contêm factores à escala nanométrica que controlam o ambiente para um desempenho ótimo.

4- Tratamento de feridas: A nanoquímica tem aplicações no domínio da cicatrização de feridas. A electrospinning é um método de polimerização utilizado biologicamente na engenharia de tecidos, mas também pode ser aplicado em pensos para feridas e na administração de medicamentos. Com este método, podem ser produzidas nanofibras que conduzem à proliferação celular e ao controlo ambiental, e que também têm propriedades antibacterianas. Há provas de que as nanopartículas de prata são úteis para inibir alguns vírus e bactérias.

5- Eletrónica (estrutura dos nanofios): Os cientistas inventaram um grande número de nanofios com comprimento, diâmetro, concentração e superfície controláveis com a ajuda da nanoquímica na fase de vapor. Estes monocristais são utilizados em dispositivos que contêm nanofios semicondutores, como díodos, transístores, circuitos, lasers e sensores. Além disso, a sua eficiência na transferência de electrões, que se deve ao efeito de confinamento quântico, faz com que as suas propriedades eléctricas sejam afectadas por pequenas perturbações. Por conseguinte, a utilização destes nanofios em elementos de nanossensores aumenta a sensibilidade da resposta do elétrodo.

6- Catalisadores (nanoenzimas): os materiais baseados em nanoestruturas são utilizados na preparação de enzimas baseadas nestes materiais. A dimensão muito reduzida destas nanoenzimas confere-lhes propriedades ópticas, magnéticas, electrónicas e catalíticas únicas.

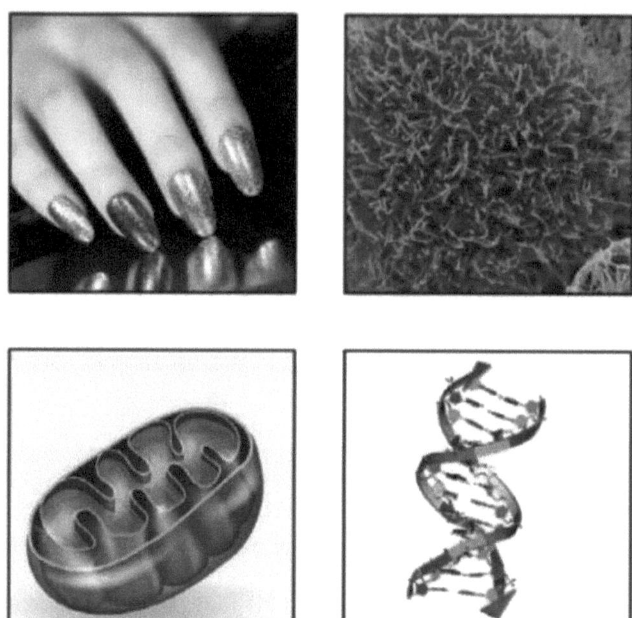

Figura 4. Alterações no tamanho das nanopartículas

Além disso, o controlo da função de superfície das nanopartículas e a nanoestrutura previsível destas pequenas enzimas levou-as a criar uma estrutura complexa na sua superfície, o que, por sua vez, torna estes compostos adequados para aplicações específicas.

Nanoquímica verde

Para além de todas as caraterísticas positivas dos produtos químicos, a sua elevada toxicidade e a poluição que causam no ambiente têm causado muitos problemas. Muitas fábricas despejam os seus resíduos químicos nos mares e lagos. O fumo da queima de produtos químicos liberta muitos gases com efeito de estufa para a atmosfera.

Por esta razão, foram explicadas novas regras no fabrico e na preparação de produtos químicos, que conduzem ao fabrico de compostos mais biocompatíveis e efetivamente verdes. Estas leis, que são designadas por química verde, contêm doze cláusulas. Os investigadores devem cumprir pelo menos uma ou duas cláusulas destas regras na preparação de compostos químicos, para que o seu composto seja considerado um composto verde. Os nanomateriais não são exceção.

Por exemplo, uma das cláusulas da química verde é a utilização de catalisadores nas reacções químicas. Como já foi referido, atualmente, as nanopartículas são utilizadas na preparação de catalisadores. Por conseguinte, a preparação de nanocatalisadores utilizando a nanoquímica pode ser um método ecológico em química.

Produtos nanoquímicos

Com a difusão da nanociência, muitos produtos foram preparados com a ajuda desta ciência e chegaram ao consumo. De seguida, mencionamos alguns desses produtos.

1- Nanotubos de carbono: Os nanotubos de carbono são utilizados na preparação de coletes à prova de bala. Ao dispersar a força da bala, estes materiais impedem-na de penetrar na área coberta.

2- Painéis solares: a conversão da energia solar em eletricidade é uma forma muito limpa de produzir eletricidade, mas o processo é muito intensivo em termos energéticos e caro. As células solares fotovoltaicas de sílica são muito caras. Por esta razão, a utilização de métodos mais fáceis e mais baratos tem recebido muita atenção por parte dos investigadores. A célula Greatzel é um produto nanoquímico que utiliza materiais revestidos com nanopartículas de dióxido de titânio. Este composto é muito poroso e é utilizado como material de superfície em vez de silicone. A sua vantagem é que é barato e recolhe os raios solares numa grande superfície.

3- Pensos cutâneos: Um penso é um produto utilizado para administrar medicamentos sem a necessidade de injecções durante um período de tempo mais longo. No passado, utilizavam-se pensos cutâneos com tamanhos muito pequenos, mas recentemente, com a ajuda da nanoquímica, foram preparados pensos que contêm microagulhas com um tamanho de cem a mil microns. Estas agulhas penetram até ao nível mais alto da pele e fazem com que o medicamento entre na corrente sanguínea com uma concentração mais elevada.

4- Materiais de proteção da superfície: os nanomateriais são utilizados com o objetivo de reforçar a superfície para criar uma fina camada protetora, que é um destes materiais, o Nano repel. Esta composição é um revestimento fino de quartzo puro que é altamente resistente à temperatura e à corrosão. É também muito utilizada para aumentar a flexibilidade da superfície e a sua elasticidade. Outros nano-revestimentos podem ser utilizados para evitar manchas, poeiras e poluição.

5- Pensos para curativos: a investigação demonstrou que a utilização de nanopartículas de prata em pensos para curativos ajuda a cicatrizar as feridas e a reduzir as infecções. Estas ligaduras são utilizadas para tratar infecções de feridas de queimaduras.

Aplicação de produtos nanoquímicos
1- Nanotubos de carbono: Os materiais à prova de bala utilizados pela polícia e pelo exército são um dos produtos nanoquímicos produzidos pelos engenheiros neste domínio e reduzem o risco de morte destas pessoas. Os

coletes à prova de bala dispersam a força da bala por uma área maior do que o ponto de impacto e impedem que ela penetre no corpo na área coberta. No passado, eram utilizados revestimentos metálicos ou cerâmicos para combater esta situação, mas os engenheiros nanoquímicos descobriram uma nova forma de melhorar a capacidade do vestuário de proteção para evitar ferimentos de bala, utilizando tubos de carbono em nanoescala.

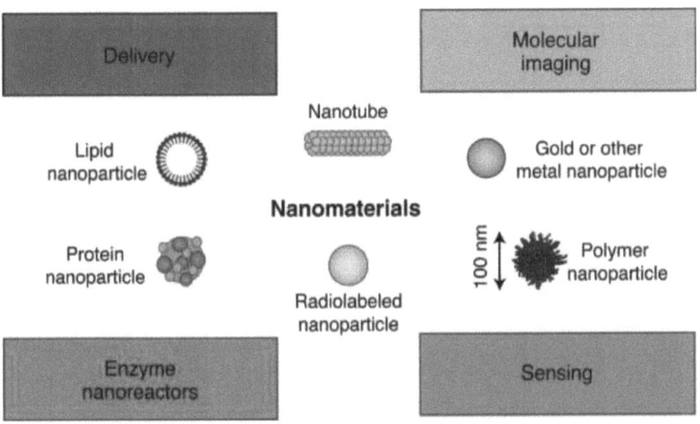

Figura 5. Nano material

2- Materiais de proteção de superfícies: Os materiais de proteção de superfícies Nano utilizam materiais Nano para criar camadas protectoras muito finas, para reforçar a superfície desejada. O Nano repel é um dos produtos da nanoquímica, que consiste num revestimento fino de quartzo de vidro puro, resistente à temperatura e a substâncias corrosivas. Também é utilizado para reforçar a flexibilidade e as propriedades elásticas da superfície para evitar lesões causadas pelo stress. Os produtos nanoquímicos semelhantes podem também ter propriedades anti-aderentes, o que facilita a remoção de manchas, substâncias oleosas e poluição das superfícies.

3- Painéis solares: A energia solar permite às pessoas gerar eletricidade a partir do sol sem criar quaisquer resíduos, mas o processo de criação de células solares é um processo que consome energia e pode criar grandes quantidades de resíduos. As células solares fotovoltaicas são fabricadas com camadas de silício cristalino, de elevado custo, que são tratadas com produtos químicos corrosivos. Por isso, os investigadores estão a procurar formas de reduzir o custo de produção de células solares eficientes através da nanotecnologia. A célula de Graetzel é um dos produtos da nanoquímica que utiliza uma camada de material coberta com nanopartículas de dióxido de titânio altamente porosas como material de superfície em vez de silício, que é mais barato de produzir e permite que as células absorvam os raios solares. Recolhe uma superfície mais ampla.

Familiaridade com produtos nanoquímicos e sua aplicação

1- Produtos e embalagens alimentares: Os cientistas da nanoquímica estão a desenvolver novas técnicas para conceber e produzir as partículas alimentares mais pequenas que proporcionam um sabor, uma textura e uma densidade nutricional específicos. Por exemplo, se uma empresa quiser tornar a sua maionese mais fina, pode substituir parte da gordura de cada maionese por água. Algumas empresas desenvolveram formas de melhorar a embalagem de produtos perecíveis utilizando a nanotecnologia. Por exemplo, uma das empresas produtoras de cerveja incluiu nanopartículas de argila laminada nas suas garrafas de cerveja de plástico. Estas minúsculas partículas de argila preenchem mais espaço nas paredes da garrafa do que as nanopartículas de plástico e impedem que os gases escapem ou entrem na garrafa de cerveja, o que faz com que o produto tenha um sabor melhor durante mais tempo.

2- Adesivos cutâneos nanoquímicos: Os adesivos para a pele são outro produto nanoquímico e uma forma de administrar medicamentos que os direciona para a corrente sanguínea durante um período de tempo mais longo, sem necessidade de injeção. Este método é utilizado para certos medicamentos para evitar injecções dolorosas e efeitos secundários gastrointestinais causados pela utilização de medicamentos. Até há pouco tempo, os medicamentos eram administrados apenas através de pensos cutâneos, de dimensões muito reduzidas, mas os engenheiros nanoquímicos estão a explorar formas de utilizar microagulhas com 100 a 1000 micrómetros de dimensão nos pensos. Estas agulhas minúsculas são colocadas na superfície de um penso e penetram na camada superior da pele sem causar dor, fazendo com que um medicamento mais denso entre na corrente sanguínea.

3- Ligaduras nano químicas: As ligaduras são normalmente utilizadas para proteger as feridas da contaminação, mas os engenheiros nanoquímicos apresentaram agora novos métodos para melhorar as propriedades antimicrobianas das ligaduras utilizando a nanotecnologia. A investigação demonstrou que a adição de metais nobres com propriedades antimicrobianas naturais ajuda as ligaduras a combater as infecções bacterianas. Uma vez que a prata interfere com o metabolismo e o crescimento das bactérias, os engenheiros conceberam formas de criar ligaduras com nanopartículas de prata, para as aplicar diretamente nas feridas. Estas ligaduras, como um dos produtos da nanoquímica, são normalmente utilizadas para ligar feridas que são resistentes ao tratamento e propensas a infecções, como as feridas de queimaduras. Atualmente, a nanoquímica permite aos engenheiros alterar os materiais ao seu nível mais básico. Os produtos orgânicos e minerais podem ser melhorados utilizando esta tecnologia e utilizar estes compostos melhor do que antes.

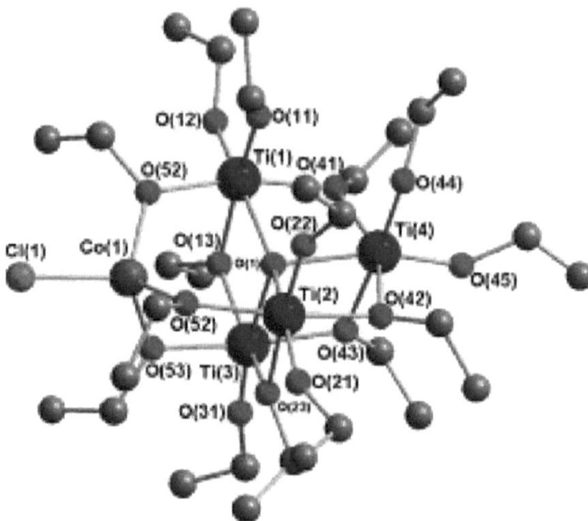

Figura 6. Introdução à nanoquímica

Classificação das nanoestruturas

- ❖ Sistemas que têm dimensões 3D.
- ❖ Sistemas que têm dimensões 2D.
- ❖ Sistemas que têm dimensões 1D.

As nanopartículas e as nanocavidades incluem estruturas 3D. Na literatura sobre semicondutores, estes sistemas são frequentemente designados por quase-zero-dimensionais, uma vez que a estrutura não permite qualquer movimento livre das partículas em qualquer dimensão. As nanopartículas podem ter uma disposição aleatória dos átomos e moléculas que as constituem, ou podem ser unidades atómicas e moleculares dentro de uma estrutura atómica cristalina ordenada que não se assemelha necessariamente à observada em sistemas maiores.

Se se tratar de uma estrutura cristalina, cada nanopartícula pode ser composta por um único cristal ou por um número diferente de regiões cristalinas ou de grãos com diferentes orientações cristalino-cristalinas (policristalino). Os sistemas limitados a 2 dimensões ou quase 1 dimensão incluem nanofios, nano-hastes, nano-cordas e nanotubos, que podem ser monocristalinos ou policristalinos amorfos.

Os sistemas unidimensionais ou quase bidimensionais limitados incluem placas, películas finas formadas numa superfície e materiais multicamadas que podem ser amorfos e cristalinos. Uma das melhores e mais interessantes formas de sintetizar Nano óxidos metálicos é o método de síntese de polímeros de coordenação com dimensões Nano, desta forma é possível calcinar estes polímeros em Nano óxidos metálicos com várias morfologias e também investigar o papel da morfologia na qualidade e aplicação deste material.

Além disso, com a síntese destes materiais em dimensões nanométricas, é possível aumentar as propriedades dos polímeros de coordenação e outras propriedades dos polímeros de coordenação, como as propriedades magnéticas, a porosidade e a condutividade eléctrica, são todas afectadas pelo tamanho destes polímeros.

Nanomateriais

Quando um grupo de átomos se acumula e forma vários aglomerados nanométricos, é fornecida a base para a formação de nanopartículas, e as nanopartículas são formadas pela ligação de vários aglomerados nanométricos. A nanoescala refere-se a qualquer material com um tamanho específico que é utilizado na nanociência e na nanotecnologia. A olho nu não é possível ver objectos nanométricos.

Por conseguinte, é necessária uma tecnologia especial para observar estes objectos. O prefixo Nano é originalmente uma palavra grega. O equivalente latino desta palavra é dwarf, que significa anão e curto. O diâmetro do cabelo humano é de aproximadamente 75000 nanómetros. Se se colocarem 10 átomos de hidrogénio em fila, isso equivale a um nanómetro. Durante os anos de 1996 a 1998, o Instituto Internacional de Investigação Tecnológica apoiou uma vasta investigação e estudos sobre nanopartículas, materiais nanoestruturados e nanodispositivos. Os resultados destas investigações e estudos mostraram que o progresso em três domínios científicos e tecnológicos transformou a nanotecnologia num campo de investigação coerente. Estes três domínios são:

- ❖ Métodos de síntese novos e avançados que permitem controlar a dimensão e manipular unidades estruturais nanométricas.
- ❖ Uma nova e avançada ferramenta de identificação que torna possível o estudo à escala nanométrica.
- ❖ Investigar e compreender a relação entre as nanoestruturas e as suas propriedades e o modo de as gerir.

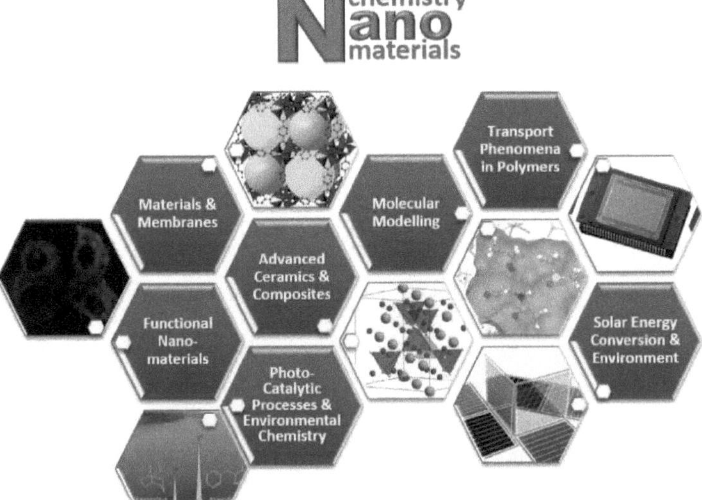

Figura 7. Nnao-Química

Tipos de nanomateriais

1- Nanopartículas: As nanopartículas são os materiais mais comuns em nanotecnologia. Como têm dimensões mais pequenas do que o comprimento de onda visível, são transparentes. O aumento da relação entre a superfície efectiva e o volume destas partículas torna-as eficazes, desde que sejam utilizadas como catalisadores. Porque o nível da sua colisão aumenta. As propriedades interessantes das nanopartículas levaram a que tivessem muitas aplicações nos domínios biomédico, farmacêutico, químico, eletrónico e dos painéis solares, dos polidores e das tintas. São também utilizadas nos vidros e nas janelas dos automóveis. As propriedades auto-limpantes de certos óxidos metálicos nanométricos, como o óxido de titânio, o zinco, o alumínio e o silicato de ferro, fazem com que sejam utilizados em revestimentos de paredes e cerâmicas. Dado que esta investigação se baseia no estudo de nanofolhas de zeólito, apenas as nanopartículas relacionadas com esta categoria são examinadas nesta secção.

2- Materiais nano porosos: Os materiais nano porosos têm orifícios de dimensões nanométricas e um grande volume da sua estrutura é constituído por espaço vazio. Entre as suas caraterísticas importantes contam-se uma relação superfície/volume (superfície específica) muito elevada, uma elevada permeabilidade ou permeabilidade, uma boa seletividade e resistência ao calor e ao som. Devido às suas caraterísticas estruturais, estes materiais são utilizados como permutadores de iões, separadores, catalisadores, sensores, membranas e materiais isolantes. Os materiais cuja porosidade se situa entre 0,2 e 0,95 nm são também designados por materiais porosos. A cavidade que está ligada à superfície livre do material é designada por cavidade aberta, que é adequada para o alisamento de membranas, separação e aplicações químicas, tais como catalisadores e cromatografia utilizando os seus corantes. Uma cavidade que está longe da superfície livre do material é chamada de cavidade fechada. A sua existência apenas aumenta a resistência térmica e acústica e reduz o peso do material, não contribuindo para aplicações químicas. Os orifícios têm várias formas, como esféricas, cilíndricas, ranhuradas, em forma de funil ou hexagonais. A porosidade também pode ser plana ou curva ou com voltas e reviravoltas.

Classificação com base no tamanho da cavidade: Os materiais nano porosos são divididos em três grupos com base no tamanho dos orifícios, nos materiais constituintes e na ordem da estrutura:

- ❖ **Microporoso:** com orifícios de diâmetro inferior a 2 nm.
- ❖ **Mesoporoso:** com orifícios com um diâmetro de 2 a 50 nm.
- ❖ **Microporoso:** com orifícios de diâmetro superior a 50 nm.

Com base na definição de nanotecnologia, os cientistas químicos utilizam na prática o termo nanoporoso para designar os materiais que têm orifícios com um diâmetro inferior a 100 nm, que é uma dimensão comum para os materiais porosos em aplicações químicas.

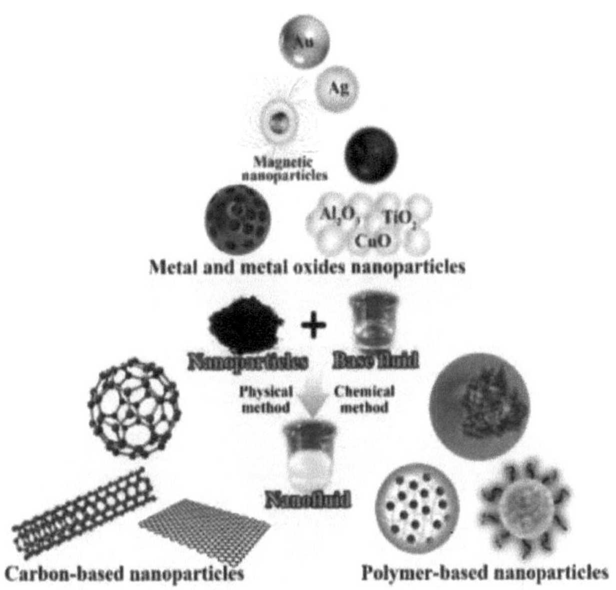

Figura 8. Nanoquímica

Tipo de porosidade: Com base na forma e posição dos orifícios relativamente uns aos outros no interior do material poroso, os orifícios são divididos nas quatro categorias seguintes:

✓ Buracos no caminho para a porta.
✓ Furos cegos.
✓ Cavidades fechadas.
✓ Cavidades ligadas.

3- Nanocristais: Num cristal, à medida que a partícula se torna mais pequena, a relação entre os átomos da superfície e os átomos internos aumenta. Os átomos presentes na superfície têm um comportamento diferente e afectam o comportamento da própria substância. Nos metais, esta mudança de comportamento provoca um aumento da força, da resistência eléctrica e da capacidade térmica específica e uma diminuição da condutividade térmica. Os enchimentos de linha de nanocristais têm diferentes aplicações nas indústrias automóvel, aeroespacial e da construção.

4- Nano cavidades: estas partículas têm cavidades mais pequenas do que 100 nm. As zeólitas são uma classe natural de nano cavidades. O nível especial destes materiais é elevado. Por esta razão, quando os materiais são colocados na sua cavidade, as suas propriedades catalíticas aumentam devido ao aumento da área de superfície. A caraterística interessante destas partículas é a sua seletividade, que permite a passagem de apenas alguns materiais devido ao tamanho constante da cavidade. Entre os métodos de fabrico, podemos referir o método sol-gel e a queima de micelas orgânicas no interior das paredes minerais. Entre as suas aplicações contam-se a filtragem da água, a purificação de enzimas e medicamentos e a produção de semicondutores.

Métodos de produção de nanopartículas

Em geral, as reacções químicas para produzir materiais podem ter lugar em qualquer dos estados sólido, líquido e gasoso. Aqui, os métodos comuns de síntese de nanomateriais de zeólito são brevemente discutidos.

1- Sol-gel: O método sol-gel é utilizado para produzir partículas cerâmicas e óxidos metálicos homogéneos de elevada pureza. Este método inclui a formação de uma suspensão coloidal que se transforma em géis viscosos com materiais sólidos. A dispersão de partículas com tamanhos inferiores a 100 nanómetros no interior do campo fluido é designada por coloide ou coloide.

O método sol-gel só é útil para a produção de óxidos metálicos. Isto deve-se à presença de ligações metal-oxigénio em frente dos materiais lacados e os géis produzidos serão hidróxidos ou óxidos. Em comparação com outros métodos de produção de nanopartículas de óxidos metálicos, este processo tem vantagens distintas, que incluem: a produção de pós ultra-puros devido à mistura homogénea de matérias-primas à escala molecular e o volume de produção industrial de nanopartículas. As desvantagens deste método são o elevado custo da pré-estrutura à beira do lago e a toxicidade das matérias-primas necessárias.

2- Processos químicos húmidos: Os processos de produção de nanopartículas com base em soluções incluem a precipitação de sólidos a partir de uma solução saturada, a conversão química e a recuperação da fase líquida e a análise química pré-estrutural com a ajuda de ultra-sons. Estas operações são interessantes devido à sua simplicidade, diversidade e adaptabilidade e à capacidade de utilizar precursores pouco dispendiosos. A regeneração do sal é um dos métodos aprovados para a produção de partículas metálicas coloidais. Este processo inclui a decomposição de sais metálicos em meio aquoso ou não aquoso e a regeneração de catiões metálicos.

3- Processo hidrotérmico: A tecnologia hidrotérmica pode ser utilizada no domínio da síntese, crescimento, transformação e transformação de substâncias químicas. Além disso, muitos processos de desidratação, degradação química, extração e processos sonoquímicos e electroquímicos podem ser realizados pelo método hidrotérmico. Quase todos os compostos minerais com estruturas elementares, óxido, silicato, germinativo, fosfato, calcogeneto, nitreto, carbonato podem ser sintetizados por métodos hidrotérmicos.

No domínio da síntese de materiais avançados, os maiores compostos monocristalinos de quartzo e zeólito foram produzidos artificialmente com tecnologia hidrotérmica. O método hidrotérmico pode ser utilizado para a síntese de materiais práticos, tais como materiais magnéticos, ótica piezoeléctrica, cerâmica de alta escala (comercial) em formas monocristalinas e multicristalinas. Os monocristais criados por este método são muito puros, grandes e isentos de defeitos cristalinos.

Os pós preparados pelo processo hidrotérmico têm as vantagens opostas: têm partículas separadas, de pureza muito elevada (sem contaminação), não granulosas e com morfologia e composição cristalinas específicas, são monodispersos e facilmente redispersos no solvente.

O processo hidrotérmico pode substituir os actuais métodos ineficientes de uma forma amiga do ambiente no domínio da destruição de resíduos, bem como da monomerização de muitos compostos estáveis e poluentes da natureza. Todas estas aplicações transformaram a tecnologia hidrotérmica numa abordagem básica e eficaz nos domínios dos laboratórios, das indústrias químicas modernas e da produção de materiais avançados.

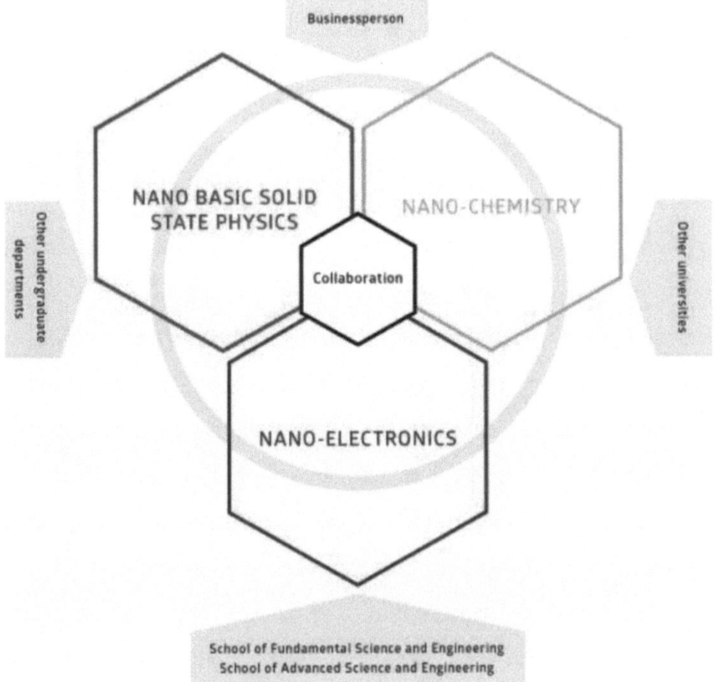

Figura 9. Nanociência

As vantagens deste método incluem a produção de materiais avançados com elevada pureza, equipamento relativamente barato, baixa temperatura de processo, baixo consumo de energia e total compatibilidade com o ambiente. Também se pode utilizar um micro-ondas. Neste método hidrotérmico para a síntese de materiais nanoporosos, o gel aquoso, incluindo matérias-primas e materiais auxiliares, tais como agentes direccionadores de estrutura, forma o ambiente de reação e o calor da reação é fornecido por ondas de micro-ondas.

4- Síntese de soluções claras: Os nanozeólitos são geralmente preparados a partir de uma solução aquosa alcalina contendo fontes de Si e Al e iões de metais alcalinos (sódio ou potássio). Na síntese de alguns tipos de zeólitos, é necessário um agente orgânico de orientação estrutural, como os catiões de alquilamónio, para formar as estruturas secundárias do zeólito. Esta solução inicial clara pode ser submetida a condições hidrotérmicas ou utilizada num processo sol-gel.

Como mencionado, as soluções propulsoras claras com uma quantidade adicional de arco estrutural orgânico são normalmente utilizadas para preparar zeólitos de tamanho nanométrico. Estes sistemas requerem uma nucleação rápida com uma agregação mínima de partículas durante o processo de cristalização. Dependendo da estrutura do zeólito, a acumulação de partículas pode ser evitada reduzindo o teor de catiões alcalinos no sistema de propulsão ou substituindo completamente a base inorgânica por um condutor estrutural orgânico, como o tetra-alquil, amónio.

Para preparar cristais de nano zeólito, o sistema de propulsão deve ter um elevado grau de supersaturação. Porque a supersaturação aumenta a taxa de nucleação, aumentando o número de núcleos e o tamanho das partículas mais pequenas. Nos géis de silicato de alumina, a supersaturação é fortemente influenciada pelo Hp. Além disso, um HP elevado reduz a temperatura de síntese.

5- Síntese pelo método do inibidor de crescimento: Neste método, é introduzido no sistema um aditivo orgânico diferente dos condutores estruturais. Este aditivo leva à formação de cristais mais pequenos, inibindo o processo de crescimento dos cristais. A reatividade do inibidor e a sua quantidade na mistura inicial são dois factores que influenciam. O aditivo deve ter a capacidade de absorver a superfície e reagir com a superfície das partículas de silicato, para evitar o excesso de condensação.

A alta concentração do inibidor faz com que os componentes livres de inosilicato de alúmen não estejam presentes o suficiente para formar a estrutura de zeólito no sistema e, como resultado, os cristais não são obtidos. Por outro lado, uma concentração muito baixa de inibidor não terá um efeito inibidor suficiente.

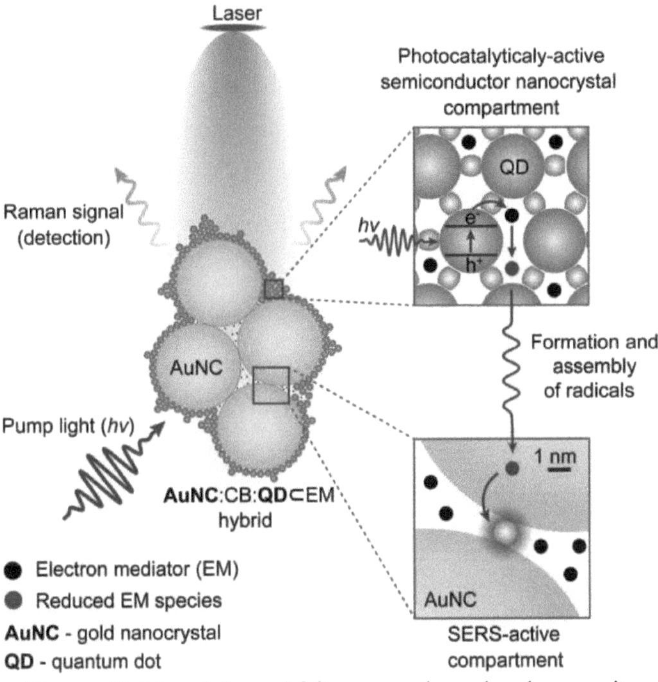

Figura 10. Nano 'câmara' feita com cola molecular permite

6- Síntese pelo método do espaço confinado: O primeiro caso deste tipo de síntese foi relatado por Jacobsin e Mades para a síntese de nanocristais de zeólito ZSM-5. Em 1999, descreveram um novo método para a síntese de zeólitos com distribuição controlada do tamanho dos cristais. O princípio da síntese pelo método do espaço confinado é que os cristais são sintetizados dentro dos espaços semi-porosos de uma matriz inerte.

O tamanho máximo dos cristais é limitado pelo diâmetro dos poros. A parte difícil deste método é a necessidade de uma matriz inerte e estável durante as condições de reação e a necessidade de uma distribuição específica do tamanho dos poros na matriz para obter uma distribuição uniforme do tamanho dos cristais.

7- Síntese pelo método de microemulsão: a utilização de microemulsões e especialmente de micelas reversas é uma das formas de síntese controlada de nanopartículas. Muitas nanopartículas são sintetizadas em reactores nanométricos micelares e em reacções como os processos de deposição, redução e hidrólise.

Os métodos de produção de nanomateriais numa distribuição única e com uma distribuição de tamanho limitada levaram a um aumento da qualidade do produto. Uma das soluções sintéticas para atingir este objetivo é a utilização de nano-reactores para a síntese de nanopartículas. Entre os nano-reactores moleculares mais simples encontram-se as micelas. Estas comunidades moleculares são o resultado da auto-montagem de moléculas de surfactantes na fronteira entre as fases aquosa e orgânica.

As microemulsões são misturas homogéneas e monodispersas de micelas que são preparadas através da mistura da fase orgânica (óleo), da fase aquosa e de estabilizadores (tensioactivos) numa determinada proporção. Em geral, a síntese de nanopartículas em estruturas micelares é efectuada de duas formas.

✓ O primeiro método envolve a mistura de dois produtos com estrutura micelar inversa, mas contendo reagentes diferentes. A reação ocorre através da colisão de nano-reactores entre si, da sua integração e da troca de material entre as duas micelas.

✓ No segundo método, é utilizada apenas uma solução de micelas
reversas. Neste caso, ocorre a reação entre o reagente dissolvido
na micela e o reagente dissolvido no solvente orgânico.

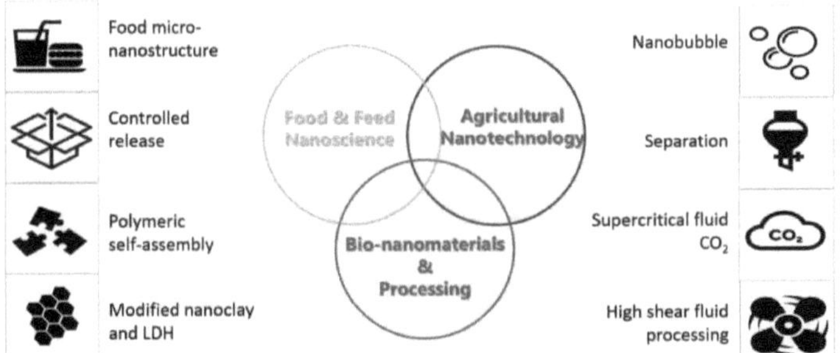

Figura 11. Equipa de investigação em nanoquímica e processamento
agrícola (ACP)

Capítulo 2: A utilização da nanoquímica na água, nos esgotos e na indústria dos esgotos

Nanotubos de carbono e fulerenos

As propriedades electrónicas detalhadas dos nanotubos de carbono mostram que estes têm a capacidade de promover reacções de transferência de electrões quando são utilizados como elétrodo em reacções electroquímicas. Este caso proporciona uma nova aplicação na modificação da superfície do elétrodo para a conceção de novos sensores electroquímicos e materiais electro-catalíticos. Como um novo tipo de materiais de carbono, os nanotubos de carbono (CNT) têm propriedades únicas que são muito diferentes dos materiais convencionais à escala. Essas propriedades incluem uma estrutura tubular de dimensão nanométrica definida, superfícies terminais e paredes laterais sintonizáveis, excelente estabilidade química, forte atividade electro-catalítica e biocompatibilidade.

A estrutura tridimensional especial dos CNT pode levar a uma forte carga do electrocatalisador ou do biomaterial sob a camada sólida e pode, em última análise, aumentar a conveniência do (bio)electrocatalisador. Como materiais nanotubulares, as vantagens de todos os CNT são o seu pequeno diâmetro e a grande relação comprimento/diâmetro, o que lhes permite serem utilizados como fios moleculares para facilitar a transferência de electrões entre biomoléculas e

eléctrodos de alta sensibilidade.

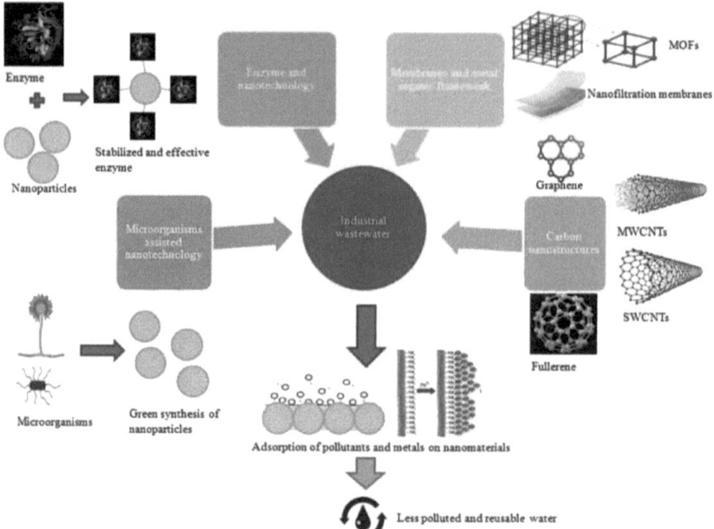

Figura 12. Aplicações da nanotecnologia no tratamento da água e das águas residuais

Estas propriedades especiais têm aplicações promissoras na química electrolítica e tornam os CNT os candidatos ideais para o fabrico de sensores de elevado desempenho. Tanto os nanotubos de carbono de parede simples como os nanotubos de carbono de parede múltipla têm sido significativamente utilizados na bio-sensorização.

Peng e colegas mostraram que as propriedades electrónicas intrínsecas dos nanotubos de carbono não são afectadas mesmo quando estão em contacto direto com a água, o que foi determinado pelo estudo da água adsorvida em nanotubos de carbono de parede simples, que mostrou uma interação repulsiva sem transferência de carga. Estes estudos revelaram novas formas de aplicação de sensores modificados com nanotubos de carbono em meio aquoso. Considerou-se que a modificação dos eléctrodos com CNT reduz significativamente a resposta dos substratos, desde pequenas moléculas de $H\,O_{23}$ até às proteínas de oxidação.

Foram utilizados eléctrodos modificados com CNTs para determinar a hemoglobina no sangue. O elétrodo com ponta de carbono modificado com nanotubos de carbono de paredes múltiplas foi utilizado para estudar o comportamento eletroquímico da brigenina. O elétrodo modificado mostrou uma excelente atividade catalítica do elétrodo na redução do sobrepotencial anódico e no aumento significativo da corrente de pico anódica da brigenina, em comparação com o desempenho eletroquímico obtido no CPE.

Os eléctrodos convencionais não são adequados para a determinação das catecolaminas, epinefrina (EP) e norepinefrina (NE), devido à interferência do ácido ascórbico (AA) e do ácido úrico (UA), que estão presentes numa amostra real numa concentração cem vezes superior à da EP e da NE.

Estes compostos podem ser facilmente oxidados a um potencial semelhante ao do PE e do NE. Por conseguinte, interferem sempre com a deteção de EP e NE. Goyal e colaboradores desenvolveram um elétrodo de pirosite de grafite modificado com MWNT que pode ser utilizado para sondar simultaneamente diferentes biomoléculas. O ácido ascórbico, a dopamina, a norepinefrina e o ácido úrico apresentam picos de oxidação a -50, 80, 204 e 260 mv, respetivamente, e não inibem a oxidação da epinefrina, o que confirma que este sensor de voltametria para a oxidação da epinefrina A epinefrina foi utilizada em amostras de plasma e urina de fumadores e não fumadores, tendo sido demonstrado que os níveis de epinefrina são muito mais elevados nos fumadores do que nos não fumadores.

O peróxido de hidrogénio ($H O_{22}$) é um produto de reacções biológicas com catalisadores enzimáticos. A deteção do $H O_{22}$ desempenha um papel importante na indústria alimentar, na proteção do ambiente e no diagnóstico médico. Para detetar a sensibilidade do $H2O2$, Rosges e Taket utilizaram um elétrodo modificado com SWNT. A sua sensibilidade dependia significativamente do agente de pulverização em solventes orgânicos e do estado de carga dos polímeros. Sabe-se que a pulverização catódica de ambos os polímeros é muito estável, mas os SWNT na pulverização catódica de quitosano mostraram uma elevada sensibilidade ao H2O2 em comparação com o Nafion. Os biossensores de glucose modificados com SWNT apresentaram uma gama dinâmica mais ampla e uma maior sensibilidade na determinação da glucose.

A drutina rutina é um glicosídeo flavonoide e possui uma vasta gama de actividades fisiológicas, tais como anti-inflamatória, anti-inflamatória e antibacteriana. Os eléctrodos modificados com CNT têm sido utilizados com êxito para a determinação de rotina. Um elétrodo de ouro modificado com SWNT foi fabricado por Zeng e colaboradores para investigar o comportamento da voltametria de rotina.

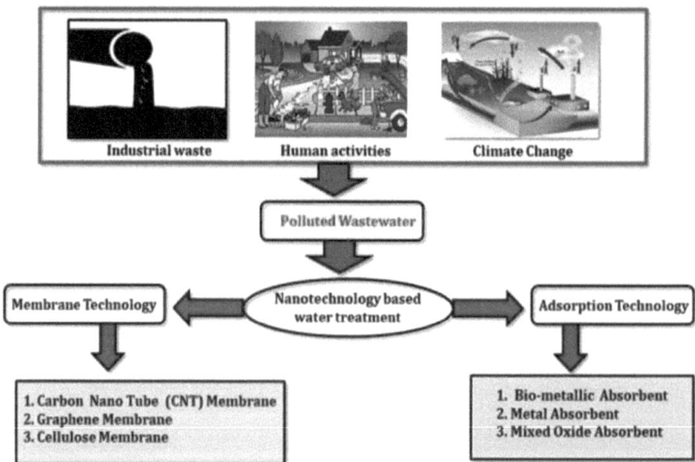

Figura 13. Utilização de nanopartículas na purificação de água

A relação entre o pico das correntes anódica (Epa) e catódica mostra que a reação do elétrodo é frequentemente reversível. Este método tem sido utilizado para a determinação de rotina em amostras médicas. Com base na interação da hemoglobina com a rutina, este método foi também utilizado para a determinação indireta da hemoglobina.

Um nanocompósito de azul de poli-nilo com carbono vítreo modificado com SWNT mostrou a capacidade de electro-catalisar a oxidação do NAPPH a um potencial muito baixo com uma redução substancial do potencial de mais de 700 mv em comparação com o GCE. A modificação do elétrodo de grafite pirósica com nanotubos de carbono resultou numa redução significativa do potencial de pico, numa elevada sensibilidade, num baixo limite de deteção e numa deteção estável da amlodipina por voltametria.

Uma comparação exaustiva do EPPGE modificado com MWNT e SWNT para a oxidação da amlodipina mostra o melhor desempenho do SWNT como um novo modificador da superfície do elétrodo em comparação com o MWNT.

Propõe-se a determinação simultânea de prednisolona e prednisona em fluidos corporais humanos e produtos farmacêuticos utilizando a voltametria de ondas repetidas (SWV) em meio de tampão fosfato com pH 7,2. O elétrodo de SWNT modificado mostrou propriedades electro catalíticas favoráveis para a redução da prednisolona e da prinzolona com um potencial de pico de dissociação de 100 mv.

Os resultados da estimativa quantitativa de Pinzon e prednisolona em fluidos biológicos foram também comparados com a estimativa por HPLC e os resultados apresentaram pontos comuns favoráveis. Foi descrito um método de voltametria sensível para a determinação de fosfato sódico de betametasona (BSP) utilizando EPPGE modificado com filme nanocompósito de SWNT de brometo de cetiltrimetil amónio. A resposta voltamétrica da betametasona foi eficazmente aumentada pela utilização do surfactante catiónico brometo de cetiltrimetilamónio (CTAB) como modificador da superfície do elétrodo.

A EPPGE modificada com surfactante de nanotiósia apresentou uma melhoria significativa na corrente de pico e deslocou o potencial de redução para um potencial menos negativo. Discute-se o papel do brometo de cetilmetilamónio nas propriedades do electrocatalisador. A aplicabilidade analítica do método desenvolvido é comprovada pela investigação direta da betametasona em amostras de urina de mulheres grávidas.

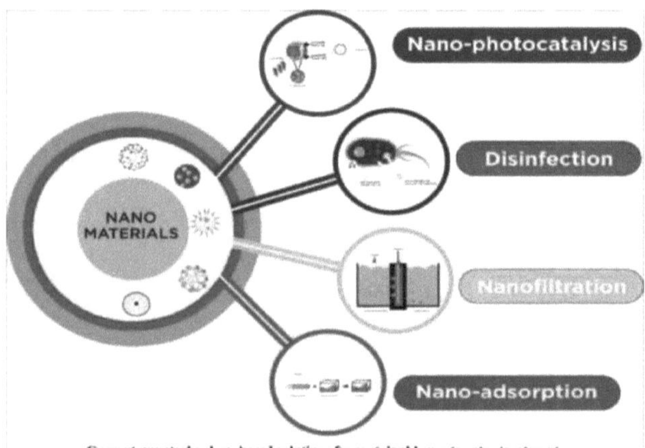

Figura 14. Nanotecnologia - Cinética de adsorção para o tratamento de

Propõe-se um método de voltametria rápido e sensível para a determinação de salbutamona em EPPGE/SWNT na urina humana. O método desenvolvido foi aplicado com sucesso à determinação de salbutamol em produtos comerciais e fluidos corporais humanos.

A análise rápida do salbutamol na urina humana tornou o método proposto interessante para a deteção do duplo ping em jogos de competição. A eletroquímica do fumarato de bisoprolona (BF) foi investigada por voltametria de impulsos diferenciais por Goyal et al. O elétrodo preparado mostrou uma excelente atividade electro-catalítica para a oxidação do BF, levando a uma melhoria significativa da sensibilidade em comparação com o GCE, onde não foi observada qualquer atividade eletroquímica para o analito.

Foi desenvolvido um novo sistema de sensores para investigar a utilização indevida de dopagem com betametasona utilizando EPPGE/SWNT, com propriedades analíticas muito boas, tais como um limite de deteção mais baixo, uma sensibilidade elevada, uma recuperação e seletividade satisfatórias e uma eficiência favorável. Este método elimina a necessidade de recorrer à Agência Mundial Antidopagem (AMA).

O limite de deteção (LOD) foi inferior ao limite mínimo de desempenho exigido (MRRL) de 30 ng/ml para o corticosteroide em investigação. Por conseguinte, o método proposto pode ser proposto com êxito como uma ferramenta analítica poderosa em análises clínicas e testes antidopagem para detetar a utilização ilegal de betametasona por atletas. A vantagem deste método é o facto de alguns metabolitos comuns, como o ácido ascórbico, o ácido úrico, a albumina e a hipoxantina, não interferirem na determinação e no diagnóstico. A comparação dos resultados observados com este método e com os métodos de HPLC mostrou que ambos os métodos são necessariamente semelhantes.

Fulerenos

Uma aplicação importante dos fulerenos é a sua utilização como intermediários em eletroquímica para a modificação química de eléctrodos em análise eletrónica. Os eléctrodos de fulerenos modificados (C71 ou C61) catalisam a reação de oxidação e redução de uma vasta gama de compostos devido à formação de espécies C n-60 mais condutoras durante a redução parcial do C60, o que ajuda na transferência de electrões na interface.

Os aniões de fulerenos (fulerenos reduzidos) podem desprotonar biomoléculas. Foi proposta uma caraterística muito interessante da redução parcial de películas de fulerenos em soluções aquosas, a redução tipo sanduíche. As películas de fulerenos parcialmente reduzidas têm uma estrutura com uma superfície interna e externa polar, sendo a interna não polar. Esta estrutura é semelhante a uma membrana biológica e aumenta a possibilidade de utilizar fulerenos como modificadores de estado sólido para estudar a eletroquímica de biomoléculas.

Por conseguinte, os eléctrodos de fulereno modificados atingem as condições necessárias para a análise de biomoléculas. É relatado o desempenho dos eléctrodos de fulereno C60 modificados para produzir respostas electro-catalíticas em comparação com o elétrodo original para determinados analitos alvo.

Jahanel e os seus colegas provaram a formação de uma película de C60 na superfície de um elétrodo por evaporação de soluções de fulerenos e indicaram a necessidade de mais estudos sobre a sua eletroquímica.

Zacks e os seus colegas descobriram superfícies de ouro para a determinação eletroquímica do citocromo C. Além disso, a resposta química do citocromo C foi também determinada por Caesar e os seus colegas utilizando eléctrodos de fulereno modificados com C60 com óptimos resultados.

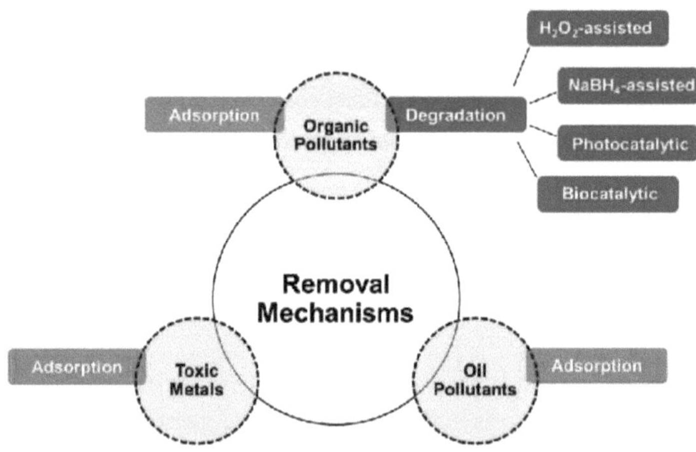

Figura 15. Papel dos nanomateriais

Origem da atividade catalítica de eléctrodos de fulerenos

A estrutura única do C60 tem uma falta significativa de defeitos, sítios semelhantes à placa de canto. Consequentemente, a origem da catálise do elétrodo relatada é muito interessante. O trabalho realizado por Kampen e colaboradores indicou claramente a origem da resposta electro-catalítica observada nos eléctrodos de carbono modificados com C60, tal como referido por Bond e Tenn e colaboradores.

Devido à presença de impurezas de grafite no C60, não é ambíguo. Recentemente, foi relatada a determinação de salbutamol e dopamina na presença de ácido ascórbico utilizando eléctrodos de C60 modificados. Os autores mostram que a atividade electro-catalítica observada se deve à redução parcial da película condutora de C60, para além das impurezas de grafite.

A redução das películas de C60 em meio aquoso é, de facto, a redução da reversibilidade eletroquímica do C60 aberrante On com a rápida perda de O-2 numa etapa química irreversível. Não há provas de que o próprio C60 diminua na gama de potencial dos electrólitos aquosos.

Nanopartículas metálicas

As nanopartículas metálicas (NP) têm uma vasta gama de aplicações em diferentes tipos de métodos de decomposição de dispositivos eléctricos e podem ser utilizadas para fabricar novos e avançados dispositivos de deteção, especialmente sensores electroquímicos e biossensores. Devido à sua pequena dimensão, as nanopartículas metálicas apresentam propriedades químicas, físicas e electrónicas únicas. Podem absorver moléculas biológicas de forma significativa e desempenham um papel importante na modificação de eléctrodos para melhorar as suas actividades electro-catalíticas. As nanopartículas metálicas aumentam as actividades electroquímicas.

Em comparação com os materiais a granel, apresentam uma maior utilidade catalítica, um desempenho favorável, uma maior transferência de massa e uma biocompatibilidade favorável. A atividade biológica das moléculas biológicas é mantida ao nível das nanopartículas devido à sua biocompatibilidade. Os materiais nano-metálicos melhoram o desempenho dos biossensores através do aumento da área de superfície efectiva.

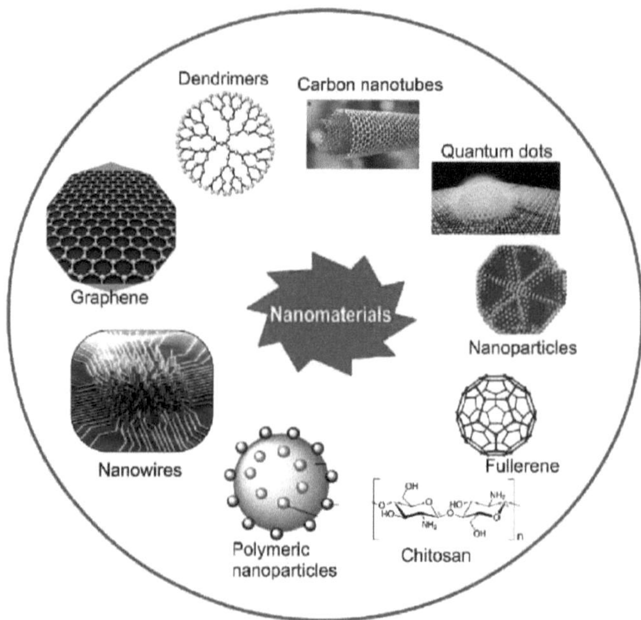

Figura 16. Utilização de nanopartículas na purificação de água

A ampla área de superfície das nanopartículas metálicas precipitadas permite melhorar o desempenho analítico em termos de baixo limite de deteção e de curto tempo de deposição. Os nanomateriais de metais de transição têm uma elevada atividade catalítica e facilitam a transferência de electrões em muitas reacções electroquímicas.

Foi investigada uma grande variedade de nanopartículas metálicas para avaliar as aplicações destes materiais na análise eléctrica. Os biossensores que contêm materiais nano-metálicos, incluindo o negro de platina, o cobre, a prata, o paládio e o ouro, revelaram uma biocompatibilidade favorável e um elevado desempenho. Recentemente, também foram sintetizadas nanopartículas de bismuto e irídio.

O estudo eletroquímico do hipoclorito de sódio foi realizado em elétrodo de carbono vítreo modificado com nanopartículas de ouro estabilizadas por dendrímero. A deposição de nanopartículas de ouro na superfície do elétrodo de carbono vítreo foi observada por microscopia eletrónica de transmissão e espetroscopia de fotoelectrões de raios X. As correntes de pico anódicas e catódicas aumentaram após a deposição destas nanopartículas de ouro.

Combinação de nanopartículas metálicas e nanotubos

A eletrodeposição de nanopartículas metálicas em nanotubos de carbono tem sido muito benéfica para a análise eléctrica de moléculas biologicamente importantes. Observou-se que os nanotubos de carbono funcionam como materiais catalisadores suportados e aumentam a atividade catalítica das nanopartículas metálicas no elétrodo de oxidação. Estes nanomateriais de carbono suportados têm a forma e a estrutura eletrónica das partículas metálicas, uma vez que os catalisadores de nanopartículas metálicas dos nanotubos de carbono apresentam uma elevada densidade de corrente e um baixo potencial de sobreposição para o elétrodo de oxidação e podem ser utilizados em células de combustível de metanol direto. Por conseguinte, é adequado para aplicações de deteção, especialmente a combinação de nanomateriais metálicos e CNT para modificar a superfície dos biossensores é muito mais eficaz do que a utilização de um único nanomaterial.

Rapovic e colaboradores concentraram-se em nanocompósitos de nanopartículas metálicas/CNTs para a deteção eletroquímica de trinitrotolueno (TNT) e outros nitro aromáticos. Verificaram que as nanopartículas de Cu e os SWNT dissolvidos em Nafion proporcionavam a maior sensibilidade para o TNT, com um limite de deteção de 1 ppb na água da torneira, na água do rio e no solo contaminado.

Líquido iónico

Os líquidos iónicos (ITs) apresentam um elevado grau de assimetria, o que indica cristalização à temperatura ambiente. Apresentam caraterísticas significativas, tais como natureza não volátil, baixo ponto de fusão, forte campo eletrostático, elevada polaridade, viscosidade e densidade favoráveis como os solventes, elevada estabilidade térmica e capacidade para dissolver uma vasta gama de espécies, incluindo compostos orgânicos, inorgânicos e organometálicos. Devido às suas caraterísticas únicas, como as amplas gamas de potencial e a elevada condutividade eléctrica, a hidrofobicidade, a insolubilidade em água e a capacidade de serem plastificados, os LI são utilizados no fabrico de sensores electroquímicos e biossensores.

Os IL demonstraram uma compatibilidade favorável com biomoléculas e enzimas e mesmo com células inteiras. Por conseguinte, os IL podem ser utilizados como adesivos e condutores em biossensores electroquímicos. A diferença entre os potenciais de rutura anódico (Ea) e catódico (Ec) é geralmente superior a v3, enquanto que para os electrólitos aquosos é de cerca de v1,2. Devido a esta caraterística notável, os líquidos iónicos são amplamente utilizados em biossensores electroquímicos. Atualmente, estão disponíveis diferentes métodos para a superfície do elétrodo, com diferentes vantagens e desvantagens. A densidade de corrente pode ser utilizada para avaliar o desempenho dos sensores. O ideal seria que a camada fosse permeável aos compostos-alvo e resistente aos compostos interferentes. Para os métodos de modificação da superfície destinados a aumentar o desempenho dos sensores, devem ser considerados quatro factores:

1- Grande área de superfície: tanto os nanotubos de carbono como os nanomateriais metálicos aumentam a área de superfície efectiva dos eléctrodos.

2- Aumento da taxa de transferência de electrões devido à capacidade catalítica dos nanomateriais: transferência de electrões e reatividade de absorção no revestimento da superfície em comparação com a grafite plana principal, com cantos mais activos para a transferência de electrões, absorção e modificação química.

3- Os sistemas de oxidação-redução são significativamente diferentes na sua sensibilidade ao estado da superfície do elétrodo de carbono: devido a diferenças nos mecanismos das reacções de oxidação-redução, bases iónicas, etc. Por conseguinte, devem ser estabelecidas determinadas normas para avaliar o desempenho do sensor. Recomenda-se que, para uma finalidade específica, um sensor específico apresente a resposta ideal.

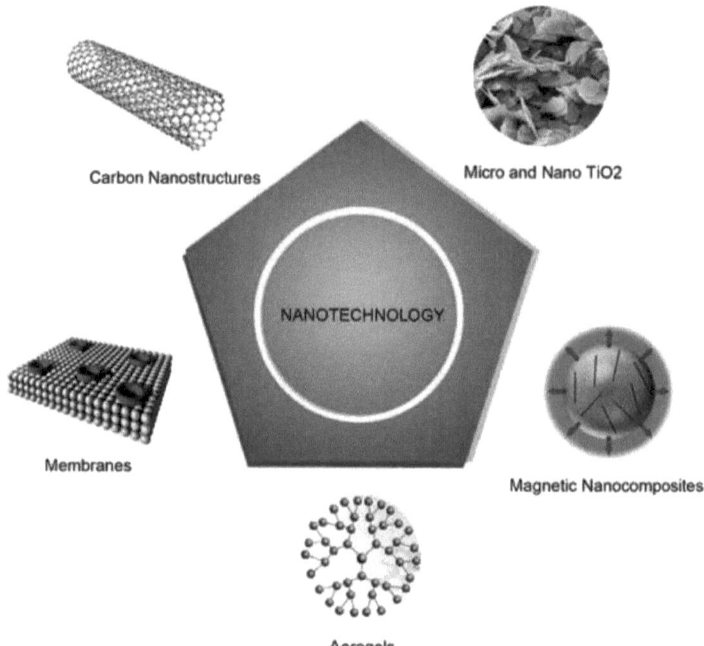

Figura 17. Nanomateriais e nanotecnologias representativos

Os materiais de carbono diferem mais nas estruturas a granel e de superfície do que os metais. Por conseguinte, é importante que o fabricante prepare o elétrodo no caso dos materiais de carbono para obter um comportamento eletroquímico reprodutível. Mesmo os métodos de preparação mais comuns, como o polimento, alteram significativamente a estrutura e a química da superfície e podem ter efeitos dramáticos na reatividade e na absorção. No futuro, prevêem-se novos desenvolvimentos nas aplicações de líquidos iónicos em eletroquímica.

A simples dissolução do sal de lítio resulta em electrólitos nos quais apenas uma fração da corrente é transportada por iões Li+. É interessante observar se a combinação de sais de sódio com uma cadeia polinómica pode alterar o equilíbrio da corrente através da interação especial com a carga negativa constante da polarização dos iões Li+. Todos estes aspectos fundamentais da físico-química e da eletroquímica dos líquidos iónicos permanecem por explicar.

Atrazina (História e Utilizações)

A atrazina é um membro da família de pesticidas clorofenoxi-triazina, que é provavelmente a categoria de produtos químicos agrícolas mais utilizada até à data. A tiazina foi desenvolvida no início dos anos 50 pelo exclusivo J.R. Gigi quando os seus químicos e biólogos na Suíça e nos Estados Unidos deram aos agricultores um novo impulso para combater as ervas daninhas mais mortíferas.

Nessa altura, os pesticidas dominantes utilizados nos EUA eram o D-4 e o D-2, com mais de 34 milhões de libras por ano. A atrazina foi registada para utilização na Suíça em 1956 e nos Estados Unidos em 1958 e rapidamente se tornou a tiazina mais conhecida pela sua eficácia contra uma grande variedade de ervas daninhas numa série de condições, incluindo o solo seco. Desde então, tornou-se um dos pesticidas mais investigados até à data. Atualmente, a atrazina é o pesticida mais utilizado nos Estados Unidos e nas principais nações agrícolas fora da União Europeia, sendo utilizada em terras cultivadas para impedir o aparecimento e o crescimento máximo de infestantes de folha larga, quer isoladamente quer em combinação com outros pesticidas.

A atrazina é utilizada em mais de cinquenta culturas diferentes, incluindo o milho, que representava aproximadamente 25% do total de hectares de culturas dos EUA em 2000 e é uma importante cultura de exportação na China, no Brasil e no México. Só os Estados Unidos utilizam 76 milhões de libras de atrazina por ano, e mais de 75% do milho cultivado nos Estados Unidos é tratado com esta substância. Outras culturas modificadas com atrazina incluem citrinos, soja, sorgo, beterraba sacarina, uvas e produtos florestais.

Embora a atrazina tenha sido utilizada principalmente em áreas agrícolas até agora, também é utilizada para manter relvados residenciais e relvados de corridas de cavalos. A história da atrazina remonta a mais de 50 anos.

História do processo de registo da atrazina

Em 1959, foram efectuados os primeiros registos de atrazina nos Estados Unidos e, ao longo de um período de 45 anos, a atrazina tornou-se um dos pesticidas mais utilizados no milho, na beterraba sacarina e noutras culturas. Os produtos pesticidas à base de atrazina oferecem os seguintes benefícios:

- ✓ Um controlo eficiente e extensivo das ervas daninhas resulta em cargas de cultura elevadas.
- ✓ Baixo custo de modificação.
- ✓ A atrazina pode ser aplicada antes, durante ou após a plantação das culturas, ou após a emergência das mesmas. Por isso, é adequada para uma grande variedade de sistemas de produtos.
- ✓ É compatível com sistemas de cultivo que poupam o solo.
- ✓ Baixo risco de danos no produto.
- ✓ É importante para gerir a resistência das ervas daninhas.
- ✓ Baixo potencial de deriva.

No final da década de 1980, os investigadores descobriram o desenvolvimento de grandes tumores numa espécie de rato (Dawley Sprague) quando expostos a níveis elevados de atrazina.

A atrazina foi classificada como "Possível Carcinogéneo Humano (Categoria C)" com base em investigação com ratos Spraguedauli. No início da década de 1990, devido à adoção generalizada da atrazina na agricultura do Midwest, foram desenvolvidos programas de gestão para minimizar a exposição a fontes de água subterrânea e de superfície. Uma combinação de alterações nos métodos de criação e um aumento do cultivo de proteção levou a uma diminuição significativa do número de vestígios de atrazina nas fontes de água.

Em junho de 2000, o Painel Científico Consultivo da EPA recomendou a reclassificação da atrazina como não sendo provável que cause cancro nos seres humanos. A atrazina está classificada como não sendo provavelmente um agente cancerígeno para o ser humano. Esta recomendação vem na sequência de uma decisão de 1998 da Agência Internacional de Investigação do Cancro (IARC) da Organização Mundial de Saúde que reclassificou a atrazina como não classificável como agente cancerígeno para o homem. As análises regulamentares na Austrália e na União Europeia apoiam a segurança da atrazina para os seres humanos e o ambiente.

Em 19 de janeiro de 2001, foi publicada a avaliação preliminar dos riscos para a saúde humana da EPA.

Figura 18. Nanomateriais artificiais para o tratamento e a recuperação de águas

Uma avaliação preliminar dos riscos para a saúde humana publicada pela EPA documentou vários problemas de saúde relacionados com o pesticida atrazina. Com base nas recomendações do Grupo Científico Consultivo, a EPA reclassificou a atrazina como não sendo provavelmente um carcinogéneo para o ser humano. Seguiu-se um período de 60 dias para comentários do público, reunindo contributos da indústria agrícola, agricultores, cientistas e activistas. Em 26 de setembro de 2001, foi publicada a avaliação preliminar dos riscos económicos da EPA.

Uma avaliação preliminar do risco económico publicada pela EPA documentou vários problemas de saúde importantes sobre os pesticidas atrazina. Seguiu-se um período de comentários de 60 dias, que reuniu tanto comentários de apoio da indústria agrícola como contribuições de grupos ambientalistas. 16 de abril de 2002 Resumo técnico da EPA Esta reunião pública em que os cientistas da EPA apresentaram a sua avaliação de risco actualizada para os pesticidas atrazina iniciou um período final de 60 dias para comentários públicos sobre as avaliações de risco da atrazina. As revisões favoráveis da EPA serviram de base para a Decisão Preliminar de Elegibilidade de Registo (IRED).

Em 5 de julho de 2002, termina o período de comentários públicos sobre a avaliação de riscos. A EPA recebe os comentários finais sobre as avaliações de risco e as decisões preliminares sobre o mérito do registo. Em 3 de agosto de 2002, a data original de publicação do documento preliminar de mérito de registo da EPA, a RED atrasou a atrazina citando fontes inadequadas para permitir que atingisse o prazo de 3 de agosto de 2002.

Em 31 de janeiro de 2003, a EPA finalizou o IRED e informou os fabricantes e as partes interessadas sobre o seu conteúdo. A EPA irá elaborar recomendações num próximo IRED. A 28 de fevereiro de 2003, o IRED é publicado no Registo Federal para 60 dias de comentários públicos. A IRED determina a conclusão de uma avaliação de risco em massa para a saúde humana para os usos actuais da atrazina e uma avaliação de risco ecológico.

De 17 a 20 de junho de 2003, a reunião do Grupo Consultivo Científico da EPA (SAP) avaliou a questão dos efeitos potenciais da atrazina nos anfíbios. Não houve provas conclusivas e foram definidas diretrizes para investigação futura. 17 de julho de 2003, reunião do SAP da EPA, grupo externo considera dados epidemiológicos sobre a atrazina e o cancro. O viés superficial do PSA desempenha um papel fundamental. Em 31 de outubro de 2003, foi apresentado o IRED revisto. O IRED revisto contém os resultados e as recomendações das reuniões do SAP em junho de 2003 e julho de 2003, que deram luz verde ao novo registo da atrazina. Em 21 de junho de 2006, foi apresentada uma avaliação do risco acrescido da triazina.

A EPA afirma que os riscos acrescidos associados aos pesticidas de triazina não resultam em danos para a população geral dos EUA, bebés, crianças ou outros consumidores. 21 de setembro de 2007, a EPA emite um livro branco sobre a mais recente investigação sobre anfíbios realizada utilizando o protocolo aprovado pela EPA. A EPA afirma: Com base nos resultados negativos destes estudos, a agência conclui que é razoável rejeitar a hipótese formulada no SAP 2003 de que a exposição à atrazina poderia afetar o desenvolvimento dos órgãos reprodutores dos anfíbios.

A Agência considera que, nesta altura, não há razões imperiosas que justifiquem a realização de mais ensaios, dados os efeitos potenciais da atrazina no desenvolvimento dos órgãos reprodutores dos anfíbios. outubro de 2007, reunião do Grupo Consultivo Científico independente FIFRA SAP para análise e comentários. dezembro de 2007 O Grupo Consultivo Científico independente FIFRA SAP reúne-se para analisar e comentar o Programa de Monitorização Ecológica da Atrazina. A atrazina é um dos pesticidas mais difundidos e controversos do mundo.

Os agricultores, os trabalhadores que cuidam dos relvados e os horticultores utilizam a atrazina para evitar que as ervas daninhas de folha larga germinem antes de emergirem do solo e para matar as ervas daninhas depois de estas se estabelecerem.

Este produto químico é barato e, por ser um pesticida pré-emergente, impede que as ervas daninhas concorram com as culturas desde o início da estação de crescimento. Estima-se que a atrazina pode aumentar a carga das culturas até seis por cento. A atrazina também tem sido utilizada em sistemas de lavoura de conservação para controlar as ervas daninhas e reduzir a erosão do solo.

No final de 2002, estimava-se que a atrazina era o pesticida mais utilizado no mundo, com aplicações em 80 países, mas estudos realizados na altura mostraram que a atrazina estava dissolvida nas águas subterrâneas e nas fontes subterrâneas de água potável em todo o mundo. A União Europeia proibiu todas as utilizações da atrazina devido à contaminação persistente das águas subterrâneas em 2004. Noutras zonas, a atrazina foi utilizada continuamente, pelo menos até ao final da década de 2000. Em 2005, os agricultores do Nebraska aplicaram atrazina em 77% dos hectares de milho nesse estado, o ano mais recente registado no Lincoln Bureau do National Agricultural Statistics Service.

Durante este mesmo período, as culturas de organismos geneticamente modificados (OGM) tomaram conta do Midwest americano. De acordo com o USDA, em 2008, 92% dos feijões cultivados nos EUA eram de variedades OGM. O Nebraska e o Dakota do Sul foram os dois estados com as percentagens mais elevadas, com 97% cada. O milho geneticamente modificado foi plantado em 80% das explorações agrícolas dos EUA em 2008.

Mais uma vez, os agricultores profissionais do Midwest lideraram o processo. Outro argumento contra a atrazina é o facto de os estudos científicos mostrarem que este produto químico pode ser perigoso para os seres humanos e outras espécies, especialmente no domínio da saúde reprodutiva. Em 2003, seis estudos mostraram que as rãs expostas à atrazina em terrenos agrícolas próximos desenvolveram disfunções sexuais. Algumas espécies desenvolveram múltiplos testículos e ovários. Noutros estudos, os machos eram hermafroditas.

A Agência de Proteção do Ambiente analisou os estudos durante a administração Bush, comparou-os com outros estudos e declarou o pesticida seguro para utilização, mas exigiu que o fabricante suíço Cygnet monitorizasse os poços de água em várias áreas do condado. Esses resultados mostraram que os níveis gerais de atrazina eram baixos, mas em alguns poços, os níveis de milho contendo atrazina no condado aumentaram durante a primavera e o verão. Alguns líderes locais estão cientes destes fenómenos. Por exemplo, os responsáveis pelo abastecimento de água em Lincoln, no Nebraska, encerravam regularmente os poços nos reservatórios de abastecimento de água da cidade todas as Primaveras, quando tinham conhecimento da aplicação moderada de atrazina por parte dos agricultores.

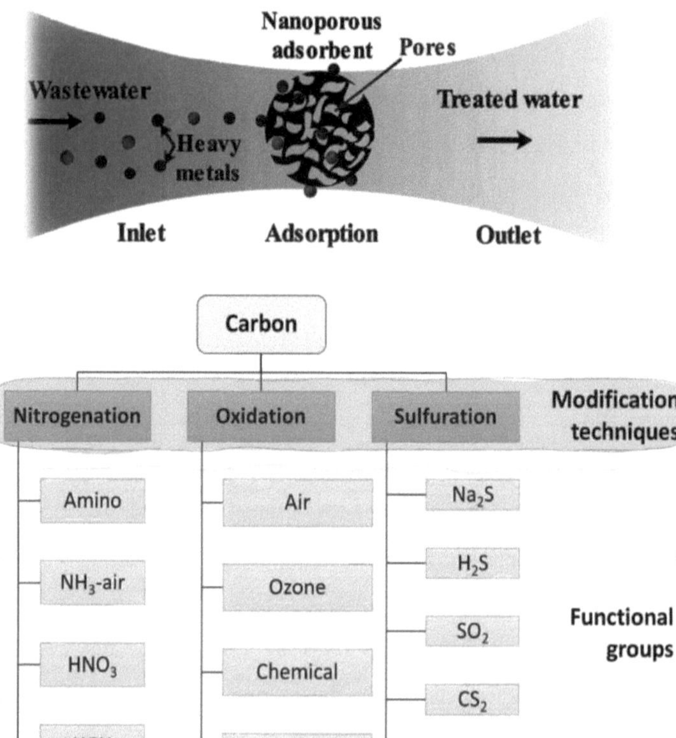

Figura 19. Remoção de iões de metais pesados de águas residuais

Noutras partes do país, os chefes locais não tinham conhecimento dos picos nos níveis de atrazina. Depois de os estudos com rãs terem estabelecido este facto, outros investigadores começaram a analisar a atrazina e os seus efeitos nos seres humanos. Estudos epidemiológicos e em animais realizados em 2009 mostraram que níveis elevados de atrazina durante certos períodos da gravidez podem provocar mais defeitos congénitos, mais baixo peso à nascença, problemas menstruais e até suspeitas de cancro em seres humanos mais tarde. desde o nascimento A atrazina é um dos pesticidas mais utilizados na agricultura americana e australiana.

Em 2006, a Agência de Proteção Ambiental dos EUA declarou que os riscos associados à exposição excessiva a estes pesticidas continham uma certeza razoável de ausência de danos e, em 2007, a EPA declarou que a atrazina não afectava negativamente o desenvolvimento sexual dos anfíbios e que não se justificavam mais testes. Uma nova revisão em 2009 concluiu que a base científica da agência para regulamentar a atrazina é forte e tranquilizadora para evitar níveis de exposição que possam causar efeitos reprodutivos nos seres humanos.

No entanto, a revisão da EPA foi criticada e a saúde da atrazina continua a ser controversa. Nos animais, incluindo os seres humanos, o sistema endócrino é o principal alvo da atrazina. A EPA dos EUA afirma: Os estudos mostram que a atrazina é um desregulador endócrino.

O aumento do risco de parto prematuro e de atraso do crescimento intrauterino tem sido associado à exposição à atrazina. Foi demonstrado que a exposição à atrazina atrasa ou altera o desenvolvimento da puberdade em estudos experimentais com animais.

Em agosto de 2009, os riscos da atrazina foram discutidos num artigo de primeira página do New York Times como causa potencial de defeitos congénitos, baixo peso à nascença e problemas menstruais quando utilizada em concentrações inferiores à norma federal.

A Atrazine indicou que a EPA está a renunciar à contaminação por atrazina na água de superfície e na água potável na região central dos Estados Unidos. Os resultados da investigação do Estudo do Instituto Nacional de Saúde Agrícola dos EUA, publicado em 2011, concluíram que não havia provas consistentes de uma associação entre a utilização de atrazina e o cancro. O estudo acompanhou 57.310 aplicações de pesticidas ao longo de 13 anos.

A EPA também determinou em 2000 que não é provável que a atrazina cause cancro nos seres humanos. Um estudo epidemiológico de 2012 concluiu que as mulheres que viviam em zonas do Texas com os níveis mais elevados de atrazina utilizada nas culturas tinham 80 vezes mais probabilidades de dar à luz bebés com atresia e estenose das coanas do que as mulheres que viviam em zonas com os níveis mais baixos. Em 2006, a Agência de Proteção Ambiental dos Estados Unidos (EPA) declarou que os riscos associados ao excesso deste efluente continham uma certeza razoável de não causar danos e, em 2007, a EPA declarou que a atrazina não tinha efeitos adversos no desenvolvimento sexual dos anfíbios, não tendo sido realizados mais testes. Não avisado. A EPA lançou uma nova revisão em 2009 que concluiu que a base científica da agência para regulamentar a atrazina era forte e justificava a prevenção de níveis de exposição que poderiam causar efeitos reprodutivos em humanos. Considerando a importância de medir esta substância no ambiente poluído de água e esgotos e considerando que, de acordo com a nossa investigação, nenhum sensor foi concebido para detetar e medir a atrazina. Assim, neste trabalho de investigação, iremos conceber um elétrodo de ouro modificado, à base de polímero e sensível à atrazina como um electro-sensor químico para medição em águas e águas residuais.

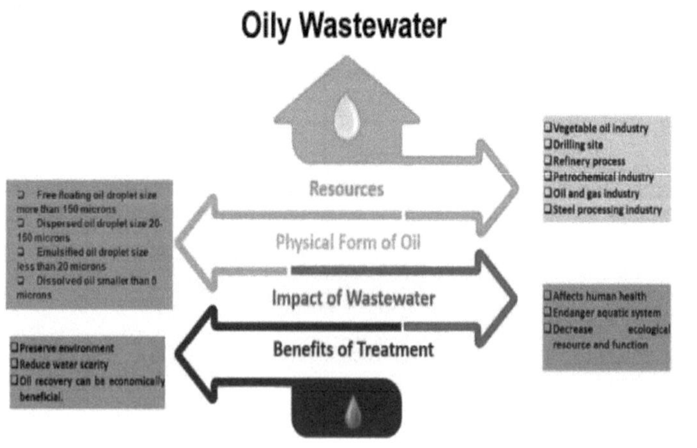

Figura 20. Tratamento de águas residuais oleosas

Métodos de síntese de nanomateriais

Os métodos de síntese de nanomateriais dividem-se geralmente em duas categorias:

- ❖ **Método descendente:** No método descendente, obtemos componentes nanométricos a partir da massa total.

- ❖ **Método bottom-up:** No método bottom-up, os nanomateriais são formados através da ligação dos átomos constituintes.

Métodos top-down: No método descendente, os materiais de grandes dimensões são fisicamente decompostos em moléculas mais pequenas. Entre os métodos descendentes contam-se a trituração, a erosão por laser, a erosão por faísca e a descarga por arco elétrico.

Fresagem (Fresagem mecânica): A moagem é um método comum para produzir materiais à escala nanométrica a partir de materiais a granel. A fresagem mecânica é um método eficaz para produzir nanomateriais com diferentes fases e é útil na produção de nanocompósitos. O moinho mecânico possui revestimentos resistentes ao desgaste utilizados para produzir ligas de alumínio reforçadas com óxido e carboneto. Também é utilizado em nano ligas à base de alumínio, níquel, magnésio, cobre e muitos outros materiais nano compósitos.

Electrofiação: A electrospinning é um dos métodos top-down mais simples para o desenvolvimento de materiais nanoestruturados. Em geral, são utilizados materiais como os polímeros para produzir nanofibras. Um dos desenvolvimentos importantes na electrofiação é a electrofiação coaxial.

Na electrospinning coaxial, o spinner é constituído por dois capilares coaxiais. Nestes capilares, dois líquidos viscosos ou um líquido viscoso como casca e um líquido não viscoso como núcleo podem ser utilizados para formar uma nanoestrutura núcleo-casca num campo elétrico. A electrospinning coaxial é um método top-down eficaz e simples para obter fibras ultrafinas com núcleo e casca em grande escala. O comprimento destes nanomateriais ultra-finos pode ser aumentado para vários centímetros. Este método é utilizado para desenvolver materiais poliméricos, inorgânicos, orgânicos e híbridos com núcleo e casca e ocos.

Litografia: A litografia é um dos métodos de síntese de nanomateriais que utiliza um feixe de luz ou de electrões focalizado. A litografia pode ser dividida em dois tipos principais: litografia com máscara e litografia sem máscara. No método com máscara, os nanomateriais são transferidos numa grande área utilizando uma máscara ou um modelo especial. A litografia com máscara inclui a fotolitografia, a litografia de nanoimpressão e a litografia suave. No método sem máscara, a escrita do padrão nano desejado é efectuada sem a intervenção da máscara.

A forma micro-nano tridimensional pode ser obtida através da implantação de iões com um feixe de iões focalizado combinado com gravura química húmida.

Sputtering: A pulverização catódica é um processo utilizado para produzir nanomateriais através do bombardeamento de superfícies sólidas com partículas energéticas, como plasma ou gás. A pulverização catódica é considerada um método eficaz para produzir películas finas de nanomateriais. No processo de deposição por pulverização catódica, iões de gás de alta energia bombardeiam a superfície alvo e provocam a ejeção física de pequenos aglomerados atómicos, dependendo da energia do ião de gás. É aplicada uma alta tensão ao cátodo e os electrões livres colidem com o gás para produzir iões de gás. Os iões com carga positiva são fortemente acelerados no campo elétrico em direção ao alvo do cátodo, que é continuamente atingido por estes iões, o que resulta na remoção de átomos da superfície do alvo. A pulverização catódica por magnetrão é utilizada para produzir nanofilmes em camadas e papel de carbono.

O método de descarga por arco elétrico: O método de descarga por arco é um dos métodos práticos para a produção de nanoestruturas. Este método permite a produção de materiais à base de carbono, tais como fulerenos, nanotubos de carbono e grafeno multicamada. No método de descarga por arco elétrico, diferentes nanomateriais à base de carbono são recolhidos de diferentes posições. Porque os seus mecanismos de crescimento são diferentes.

O método de descarga por arco é muito importante na preparação de nanomateriais de fulerenos. No processo de formação, duas hastes de grafite são colocadas numa câmara onde é mantida uma certa pressão de hélio. É importante encher a câmara com hélio puro. A presença de humidade ou oxigénio impede a formação do fulereno. A evaporação da vareta de carbono é efectuada por descarga de arco entre as extremidades das varetas de grafite.

Síntese por ablação a laser: A ablação por laser é outro método de síntese de nanomateriais. No método de ablação a laser, a produção de diferentes métodos de síntese de nanomateriais é geralmente dividida em duas categorias. Método descendente e método ascendente. No método descendente, é efectuado a partir da massa volumosa utilizando um potente feixe de laser que atinge o material alvo. Durante o processo de ablação por laser, o material principal ou o material precursor é vaporizado devido à elevada energia da radiação laser e, como resultado, formam-se nanopartículas. A utilização da ablação por laser para produzir nanopartículas de metais nobres pode ser considerada um método ecológico. Porque não há necessidade de agentes estabilizadores ou outros produtos químicos.

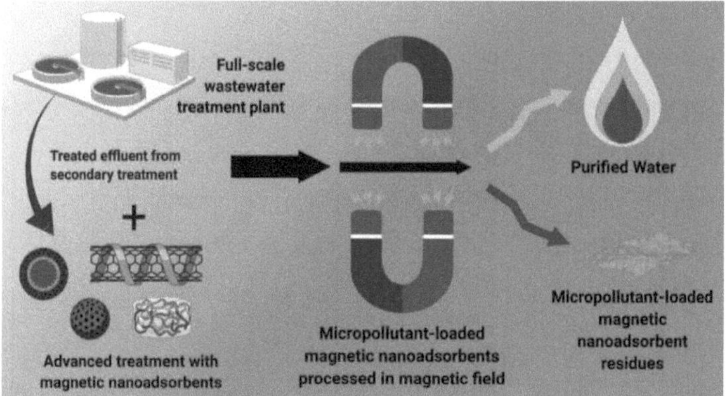

Figura 21. Nanoadsorventes magnéticos para a remoção de micropoluentes

Métodos bottom-up: Os métodos de síntese de nanomateriais de baixo para cima são frequentemente designados por métodos húmidos. Porque incluem categorias de solventes e outros produtos químicos. Além disso, as partículas necessitam frequentemente de ser imobilizadas ou revestidas em solução, para garantir que o seu crescimento não continua para além da escala nanométrica. Normalmente, as partículas têm de ser separadas ou transferidas das suas soluções para aplicação ou caraterização. As nanopartículas são normalmente sintetizadas utilizando métodos de química húmida, que envolvem a formação de nanopartículas numa solução e, em seguida, a remoção do solvente e de outros materiais das partículas. O método de síntese por via húmida requer muito tempo e produtos químicos. Além disso, o material resultante pode estar contaminado com resíduos dissolvidos.

Método Sol-Gel: O método sol-gel é um método químico húmido que é amplamente utilizado para o desenvolvimento de nanomateriais. Este método é utilizado para desenvolver diferentes tipos de nanomateriais de alta qualidade à base de óxidos metálicos. Este método é designado por sol-gel. Com efeito, durante a síntese de nanopartículas de óxido metálico, o precursor líquido transforma-se num sol e, finalmente, o sol transforma-se numa estrutura de rede denominada gel. Os lagos metálicos são um precursor comum para a produção de nanomateriais neste método.
O processo de síntese de nanopartículas através do método sol-gel pode ser efectuado em várias etapas. O primeiro passo é a hidrólise do óxido metálico em água ou com a ajuda de álcool para formar uma célula. No passo seguinte, ocorre a condensação e, como resultado, a viscosidade do solvente aumenta e formam-se estruturas porosas. Durante o processo de compactação, as alterações na estrutura, propriedades e porosidade continuam e a porosidade diminui e a distância entre as partículas coloidais aumenta. Em seguida, procede-se à secagem, onde a água e os solventes orgânicos são removidos do gel. Finalmente, procede-se à calcinação para obter nanopartículas.

Deposição química de vapor: Uma camada fina é formada na superfície do substrato através da reação química preliminar da fase de vapor. Neste processo, o precursor deve ter uma elevada volatilidade, elevada pureza química, elevada estabilidade e uma boa relação custo-eficácia. Por exemplo, na produção de nanotubos de carbono, um substrato é colocado num forno e aquecido a uma temperatura elevada, e um gás contendo carbono é aplicado ao substrato. Por outro lado, a decomposição do gás liberta átomos de carbono, que se combinam e formam nanotubos de carbono no substrato.

Método hidrotérmico e dissolução térmica (solvotérmico e hidrotérmico): O processo hidrotérmico é um dos métodos de síntese de nanomateriais mais conhecidos e amplamente utilizados para a produção de materiais nanoestruturados. No método hidrotérmico, os materiais nanoestruturados são obtidos através de uma reação heterogénea em meio aquoso a alta pressão e à temperatura ambiente.

O método do solvente térmico é o mesmo que o método hidrotérmico. A única diferença é que é efectuado num ambiente não aquoso. Estes dois métodos são geralmente efectuados em sistemas fechados. O método hidrotérmico assistido por micro-ondas atraiu recentemente muita atenção para a engenharia de nanomateriais. O processo de dissolução térmica e hidrotérmica é um método adequado para a produção de vários tipos de nanomateriais, tais como nanofios, nano-hastes, nanofolhas e nanoesferas.

Métodos suaves e duros: os métodos de moldagem suaves e duros são amplamente utilizados para produzir nanomateriais porosos. O método suave é um método convencional simples para produzir materiais nanoestruturados. O método de moldagem suave é importante devido à sua implementação simples, às condições de ensaio relativamente simples e ao desenvolvimento de materiais úteis. Os copolímeros, moléculas deste método orgânico flexível, e os tensioactivos aniónicos, catiónicos e não iónicos são utilizados para sintetizar estruturas mesoporosas tridimensionais. De um modo geral, são utilizados materiais mesoporosos para a síntese.

Vários factores podem influenciar as estruturas dos materiais mesoporosos obtidos a partir de micelas dobradas em 3D, tais como a concentração do tensioativo e do precursor, a relação tensioativo-precursor, a estrutura do tensioativo e as condições ambientais. A dimensão dos poros dos materiais nanoporosos pode ser ajustada alterando o comprimento da cadeia de carbono do tensioativo ou introduzindo agentes auxiliares de expansão dos poros.

Uma vasta gama de materiais nanoestruturados, como as nanoesferas de carbono, pode ser produzida desta forma. O método do molde duro é também designado por Nano casting. Os materiais sólidos são utilizados como molde e os poros do molde sólido são preenchidos com moléculas precursoras para obter nanoestruturas para as aplicações pretendidas. É preferível que os moldes tenham uma estrutura porosa durante o processo e possam ser facilmente deslocados. Na primeira etapa, é selecionado o molde principal adequado.

Um precursor desejado é então introduzido nos mesoporos do modelo, transformando-os num sólido inorgânico. Na última etapa, o modelo original é removido para obter o modelo mesoporoso. Através da utilização de modelos mesoporosos, podem ser produzidos materiais nanoestruturados únicos, tais como nanofios, nano-hastes, materiais nanoestruturados tridimensionais, óxidos metálicos nanoestruturados e muitas outras nanopartículas.

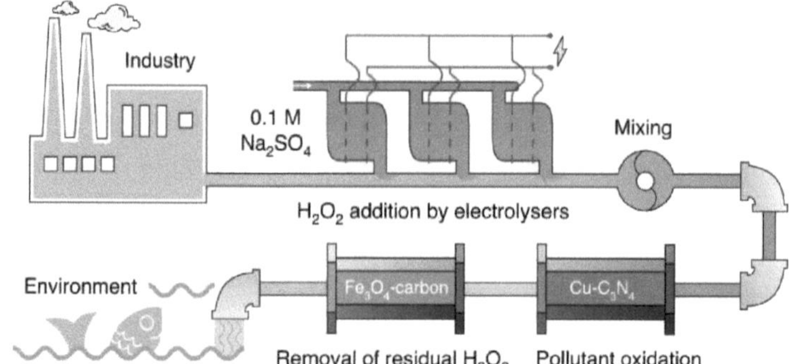

Figura 22. Tratamento de águas residuais orgânicas por um catalisador de átomo único

Método da micela inversa: Este método é também uma técnica útil para a síntese de nanomateriais com a forma e o tamanho desejados. As emulsões de óleo em água resultam em micelas típicas, e os segmentos hidrofóbicos movem-se em direção ao núcleo que aprisiona as gotículas de óleo no seu interior. Enquanto as micelas reversas em emulsões óleo-água são formadas quando as cabeças hidrofílicas se movem em direção ao núcleo que contém água. O núcleo das micelas inversas actua como um reator nanométrico para a síntese de nanopartículas. Actua como um reservatório para o desenvolvimento de nanomateriais.

O tamanho dos reactores nanométricos é controlado através da alteração da relação entre a água e o tensioativo e, em última análise, afecta o tamanho das nanopartículas sintetizadas por este método. Se a concentração de água diminuir, as gotículas de água serão mais pequenas e, consequentemente, formar-se-ão nanopartículas mais pequenas. As nanopartículas sintetizadas através do método da micela inversa são surpreendentemente pequenas e dispersas na natureza.

Método de síntese verde e síntese biológica (Green Synthesize): Um dos métodos de síntese de nanomateriais é a síntese verde, que é não-tóxica e não-poluente, amiga do ambiente e mais sustentável em comparação com os métodos físicos e químicos. Neste método, são utilizadas plantas e organismos vivos, tais como algas, cianobactérias, bactérias, vírus, leveduras e fungos.

Os organismos biológicos ou os seus extractos são utilizados para a síntese ecológica de nanopartículas metálicas através da bio-redução de partículas metálicas que conduzem à síntese de nanopartículas. Os extractos de plantas são também uma fonte atractiva para a síntese ecológica de nanopartículas a partir de metais pesados.

Porque os hidratos de carbono, as proteínas e as coenzimas das plantas têm o potencial de reduzir os sais metálicos e de os converter em nanopartículas. Por exemplo, as plantas são utilizadas para criar nanopartículas de prata e ouro e outras nanopartículas metálicas. As nanopartículas metálicas produzidas pelo método verde têm uma vasta gama de aplicações medicinais. Estas aplicações incluem a administração de medicamentos ou de genes, o diagnóstico de doenças ou de proteínas e a engenharia de tecidos.

Classificação dos tipos de nanoestruturas de acordo com as dimensões livres

Nanomateriais de dimensão zero (0D): os nanomateriais de dimensão zero são estruturas cujas dimensões estão concentradas num ponto ou pontos específicos e não têm dimensões livres. Por outras palavras, estes tipos de nanomateriais são formados por pontos ou partículas com dimensões muito pequenas e locais. Exemplos de nanomateriais de dimensão zero são as nanopartículas, os pontos quânticos e os pontos quânticos. As nanopartículas, os pontos quânticos e os pontos quânticos são materiais de dimensão zero que possuem propriedades únicas.

Devido às suas dimensões muito reduzidas, estas estruturas apresentam propriedades como o comportamento quântico, efeitos quânticos e propriedades ópticas únicas. Por exemplo, as nanopartículas de ouro, devido à sua pequena dimensão, apresentam propriedades ópticas especiais, incluindo o plasmon de superfície, que são utilizadas em aplicações como sensores e medicamentos direcionados. Estes tipos de nanomateriais são muito úteis em vários domínios, como a eletrónica, a medicina, a nanobiotecnologia e outras indústrias, devido às suas caraterísticas únicas.

Nanomateriais unidimensionais (1D): Os nanomateriais unidimensionais (1D) são estruturas que têm uma dimensão livre. Este tipo de nanomateriais pode apresentar-se sob a forma de nanofios ou nanotubos que se encontram numa dimensão longitudinal. Por exemplo, os nanofios de carbono, que se apresentam como fios longos e finos com um diâmetro da ordem dos nanómetros, ou os nanotubos de carbono, que são gémeos longos e cilíndricos com um diâmetro de nanómetros. Devido às suas caraterísticas únicas, como a elevada resistência, a boa condutividade eléctrica e a área de superfície relativamente grande, estas estruturas têm muitas aplicações em várias tecnologias, incluindo a eletrónica e os materiais nanomédicos.

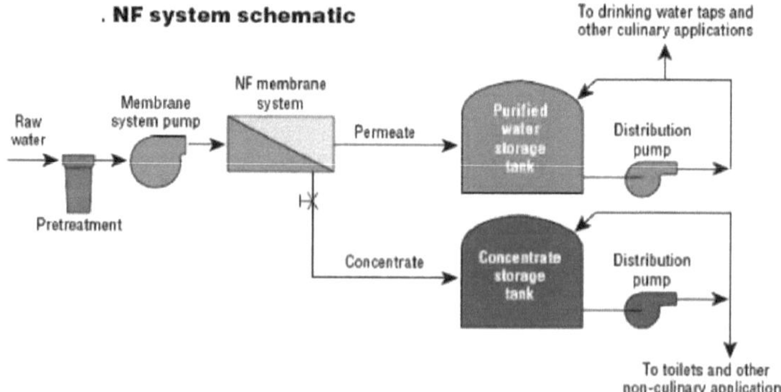

Figura 23. Vantagens da nanofiltração, American Water Chemicals

Nanomateriais bidimensionais (2D): Os nanomateriais bidimensionais são estruturas que têm dimensões livres em duas dimensões e uma dimensão nano. Estes tipos de nanomateriais são normalmente produzidos como placas finas com uma espessura de cerca de alguns nanómetros. Exemplos de nanomateriais 2D incluem o grafeno, o dióxido de grafeno e alguns outros materiais 2D. Devido às suas propriedades únicas, como a excelente condutividade eléctrica, a elevada resistência mecânica e o peso reduzido, estas estruturas têm muitas aplicações em domínios como a eletrónica, a nanoelectrónica, a optoelectrónica e os nanomateriais médicos.

Nanomateriais tridimensionais (3D): os nanomateriais tridimensionais são estruturas que têm dimensões livres em três dimensões. Estes tipos de nanomateriais são geralmente tridimensionais e incluem estruturas como nano cargas, nano películas e nano revestimentos. Estas estruturas podem ser feitas de vários materiais, como metais, polímeros, carbono, etc. Devido às suas propriedades únicas, como elevada área de superfície, peso leve, elevada resistência e condutividade térmica adequada, os nanomateriais 3D são utilizados em vários domínios, como a engenharia de materiais, a eletrónica, a medicina e a energia.

Quais são os métodos de fabrico dos nanomateriais?

Existem diferentes métodos de fabrico de nanomateriais, que incluem os seguintes:

1- Métodos de deposição: Estes métodos incluem métodos como a deposição química de vapor (CVD), a deposição física de vapor (PVD) e os métodos de deposição eletroquímica.

2- Métodos de modelos: Estes métodos incluem a utilização de modelos nanométricos, tais como nano poros, nano eléctrodos e nanocristais, para produzir nanoestruturas.

3- Métodos de preparação a partir de solução (métodos de solução): Estes métodos incluem técnicas como os métodos de sedimentação a partir de solução, métodos de vulnerabilidade química e métodos orais a partir de solução.

4- Métodos mecânicos: Estes métodos incluem processos como a trituração mecânica, a perfuração de nanoestruturas e métodos de nanotecnologia mecânica.

5- Métodos químicos: Estes métodos incluem processos como a síntese hidráulica, a deposição química, os métodos sol-gel e os métodos de fabrico de nanopartículas.

6- Síntese de nanomateriais a partir da fase de vapor: A síntese de nanomateriais a partir da fase de vapor é um dos métodos mais comuns para a produção de nanopartículas e nanoestruturas. Neste método, normalmente um ou mais compostos químicos são colocados na forma gasosa sob determinadas condições de temperatura e pressão. Estes gases são utilizados como matérias-primas para a produção de nanomateriais e, através da aplicação de calor e pressão, estes gases são concentrados sob a forma de vapor e entram em contacto com uma superfície fria, normalmente um substrato. Neste contacto, os gases passam de vapor a sólidos ou nanopartículas que se depositam na superfície sob a quilha. Estas nanopartículas são normalmente formadas como uma camada na superfície do Zerkiel e podem ser utilizadas como revestimentos nanoestruturados em muitas tecnologias.

7- Síntese química de nanomateriais: A síntese química é um dos métodos mais comuns de produção de nanomateriais, em que as matérias-primas são convertidas em nanomateriais através de reacções químicas. Este método pode incluir métodos como a deposição em solução, deposição química, sol-gel e deposição em fase de vapor. Em cada um destes métodos, as condições químicas como a temperatura, a pressão, o pH e a razão molar das matérias-primas são cuidadosamente controladas, a fim de produzir nanomateriais com propriedades e caraterísticas precisas de nanoestruturas. Este método é muito popular devido à elevada capacidade de controlo das condições e das caraterísticas do produto final, à flexibilidade na conceção e às vastas aplicações obtidas a partir dos nanomateriais.

8- Síntese de nanomateriais no estado sólido: A síntese de nanomateriais no estado sólido inclui a produção de nanopartículas e nanoestruturas diretamente a partir de materiais sólidos e em condições em que as matérias-primas são sólidas. Este método pode incluir processos como a trituração mecânica, a redução química, a síntese ou a mudança de fase. Em cada um destes métodos, as matérias-primas sólidas são cuidadosamente processadas, para serem convertidas em dimensões nanométricas e para se obter o resultado final dos nanomateriais desejados. Estes métodos são conhecidos como métodos eficazes e fiáveis na produção de nanopartículas e nanoestruturas no estado sólido e são utilizados para muitas aplicações, incluindo eletrónica, engenharia de materiais, medicina e indústrias de nanomateriais.

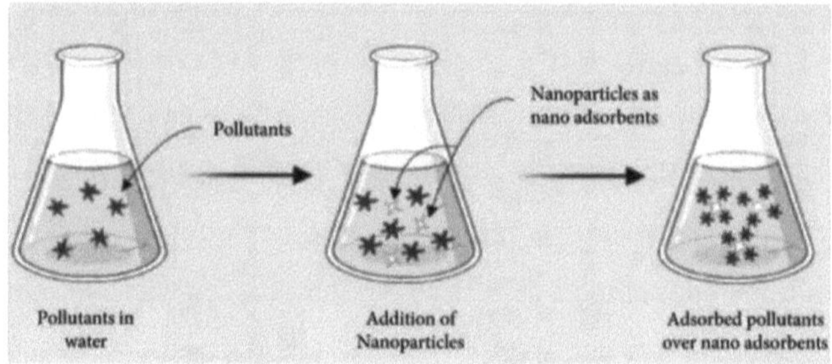

Figura 24. Mecanismo do nano-adsorvente no tratamento de águas residuais

Propriedades catalíticas dos nanomateriais

As propriedades catalíticas dos nanomateriais incluem:

1- Aumento da atividade catalítica: as nanopartículas proporcionam uma maior atividade catalítica nas reacções químicas devido ao aumento da sua área superficial e ao seu pequeno tamanho.

2- Elevada seletividade: As propriedades únicas da superfície das nanopartículas proporcionam uma elevada seletividade nas actividades catalíticas, o que leva a uma melhor seletividade e desempenho das reacções químicas.

3- Eficiência energética: Os nanomateriais ajudam a melhorar a eficiência energética nos processos catalíticos devido às suas caraterísticas especiais, como a elevada condutividade eléctrica e a grande área de superfície.

4- Estabilidade térmica: Os nanomateriais têm normalmente uma elevada estabilidade térmica que lhes permite trabalhar em condições de temperatura elevada.

5- Reciclagem mais fácil: devido às suas pequenas dimensões e à possibilidade de montagem e separação mais fáceis, as nanopartículas podem ser facilmente recicladas, o que é eficaz para reduzir os custos e preservar o ambiente. Estas propriedades catalíticas dos nanomateriais tornam-nos ferramentas importantes em domínios como as indústrias química, petroquímica, energética e médica.

Propriedades fotocatalíticas das nanoestruturas

As propriedades fotocatalíticas dos nanomateriais incluem:

1- Aumentar a atividade catalítica utilizando a luz: os nanomateriais fotocatalíticos são afectados pela luz e a sua atividade catalítica nas reacções químicas é melhorada.

2- Elevada eficiência na conversão da energia luminosa: As nanopartículas fotocatalíticas podem converter a energia luminosa em energia química e melhorar as reacções químicas.

3- Seletividade no comprimento do espetro de luz: alguns nanomateriais fotocatalíticos têm a capacidade de absorver luz em diferentes comprimentos do espetro, o que aumenta a sua eficiência em diferentes ambientes.

4- Amplas aplicações na purificação da água e do ar: os nanomateriais fotocatalíticos são utilizados como catalisadores eficazes nos processos de purificação da água e do ar para remover poluentes orgânicos e inorgânicos.

5- Estabilidade em condições de luz: Os nanomateriais fotocatalíticos têm geralmente uma elevada estabilidade em condições de luz, o que garante a sua durabilidade e eficiência ao longo do tempo. Estas propriedades fotocatalíticas dos nanomateriais tornam-nos ferramentas eficazes em domínios como a purificação da água e do ar, a produção de energia ótica e as tecnologias sustentáveis.

Propriedades antibacterianas dos nanomateriais

As propriedades antibacterianas dos nanomateriais incluem:

1- Reduzir o crescimento e a sobrevivência das bactérias: as nanopartículas antibacterianas podem reduzir o crescimento e a sobrevivência das bactérias nas superfícies e em diferentes ambientes.

2- Criação de bandas nanoestruturadas: As nanoestruturas de nanomateriais podem criar bandas que inibem e impedem o crescimento de bactérias.

3- Não toxicidade para o ser humano: Muitos nanomateriais antibacterianos não são tóxicos e podem ser utilizados como desinfectantes em vários ambientes sem qualquer risco para os seres humanos.

4- Elevada eficácia no controlo de infecções: Os nanomateriais antibacterianos podem ser utilizados em vários sectores, incluindo a medicina, a saúde e a indústria alimentar, devido à sua elevada atividade no controlo de infecções.

5- Estabilidade ao longo do tempo: Muitos nanomateriais antibacterianos têm uma elevada estabilidade que pode manter os seus efeitos benéficos ao longo do tempo.

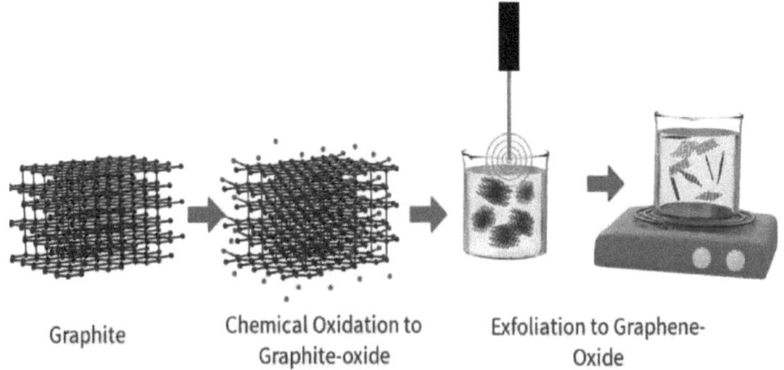

Figura 25. Utilização de nanopartículas na purificação de água

Propriedades magnéticas dos nanomateriais

As propriedades magnéticas dos nanomateriais incluem:

1- Monetizabilidade: Os nanomateriais magnéticos podem facilmente absorver e reagir na presença de um campo magnético.

2- Potencial em aplicações magnéticas: estas propriedades podem ser utilizadas em várias aplicações, incluindo a conceção de sensores, o armazenamento de informações e a purificação da água.

3- Aplicações na medicina: Os nanomateriais magnéticos podem ser utilizados como parte de sistemas de imagiologia médica, como a imagiologia por ressonância magnética nuclear (RMN).

4- Controlo do movimento: através da utilização de campos magnéticos, os nanomateriais magnéticos podem ser controlados com precisão e o seu movimento dirigido em sistemas microfluídicos e nanofluídicos.

5- Aplicações nano-electrónicas: As propriedades magnéticas dos nanomateriais podem ser utilizadas na produção de componentes electrónicos nanométricos, tais como memórias nanomagnéticas e transístores nanomagnéticos.

Propriedades ópticas de materiais nanoestruturados

As propriedades ópticas dos nanomateriais incluem:

1- **Mudança de cor:** devido às suas estruturas nanométricas especiais, alguns nanomateriais têm a capacidade de mudar de cor em reação com a luz, que é utilizada em aplicações como a impressão a cores, cores auto-ajustáveis e ecrãs nanoestruturados.

2- **Absorção e conversão da luz:** alguns nanomateriais actuam como fotocatalisadores e fotovoltaicos e podem absorver a luz e convertê-la em energia química ou eléctrica.

3- **Aumento da transparência:** a utilização de nanomateriais pode melhorar a transparência dos materiais e ser utilizada em aplicações como ecrãs, janelas inteligentes e sensores ópticos.

4- **Controlo da polarização:** Alguns nanomateriais têm a capacidade de controlar a polarização da luz, que é utilizada na ótica e nas comunicações ópticas.

5- **Intensificação da superfície:** as estruturas nanométricas podem causar intensificação da superfície e alterações ópticas na superfície dos materiais que são utilizados em sensores e dispositivos de diagnóstico ótico. Estas propriedades ópticas dos nanomateriais tornam-nos ferramentas importantes em domínios como a ótica, as comunicações ópticas, a fotónica e a energia fotovoltaica.

Aplicações dos nanomateriais em várias indústrias

As aplicações dos nanomateriais nos seguintes domínios são:

1- **Medicina:** utilização de nanomateriais na produção de medicamentos nanomateriais, imagiologia médica, sistemas de estimulação nanométricos e desinfectantes.

2- **Eletrónica e nanoelectrónica:** aplicações de nanomateriais na produção de nanoestruturas electrónicas, transístores nanométricos, memórias nanomagnéticas e sensores nanométricos.

3- **Engenharia de materiais:** utilização de nanomateriais na produção de materiais resistentes, leves e de elevado desempenho para aplicações aeroespaciais, automóveis e de construção.

4- **Energia:** aplicações de nanomateriais na produção de baterias nanométricas de iões de lítio, células solares nanométricas e combustíveis nanoestruturados.

5- **Purificação da água e do ar:** utilização de nanomateriais na filtragem da água e do ar, remoção de poluentes orgânicos e inorgânicos e purificação da água e do ar da poluição.

6- **Comunicação e ótica:** aplicações de nanomateriais na produção de sensores ópticos nanométricos, ótica nanométrica e componentes de comunicação ótica nanométrica.

7- **Indústria alimentar:** a utilização de nanomateriais em embalagens inteligentes, a produção de materiais antibacterianos e o aumento da vida útil dos produtos alimentares.

8- Medição e medição: aplicações de nanomateriais na produção de sensores nanométricos para medição precisa e medição de propriedades físicas e químicas.

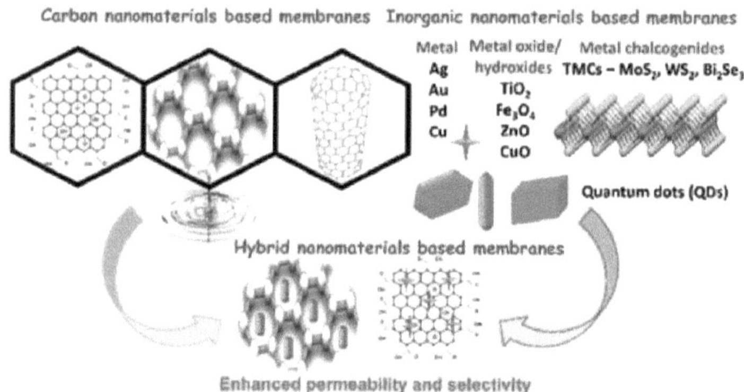

Figura 26. Membranas à base de grafeno para o tratamento de água e de águas residuais

Vantagens e desvantagens dos nanomateriais

As vantagens da utilização de nanomateriais incluem: aumento da eficiência, redução do consumo de energia, aumento da precisão e redução dos custos, mas também existem desvantagens, como a possibilidade de toxicidade e efeitos ambientais.

Investigação e desenvolvimento no domínio dos nanomateriais

A investigação e o desenvolvimento no domínio dos nanomateriais continuam. Com o avanço da tecnologia, são feitas novas inovações neste domínio, que podem ter um impacto significativo em vários sectores.

Os efeitos dos nanomateriais no ambiente

A utilização de nanomateriais pode ter efeitos positivos no ambiente, mas, ao mesmo tempo, é necessário prever as questões ambientais e adotar estratégias adequadas para o seu controlo e gestão.

Processo de desenvolvimento de nanomateriais no Irão

No Irão, o desenvolvimento de nanomateriais está a ser considerado uma área importante para o desenvolvimento de várias indústrias. Apesar dos desafios, como as limitações financeiras e técnicas, mas tendo em conta o potencial, o desenvolvimento desta indústria no país está a crescer.

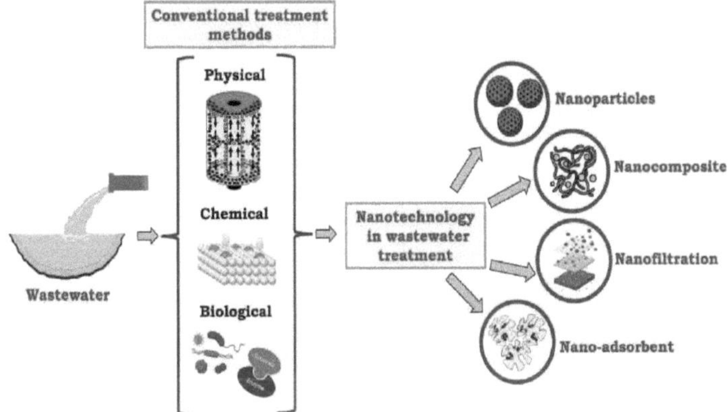

Figura 27. Tendências emergentes e perspectivas promissoras no domínio das nanotecnologias

Capítulo 3: Nano Adsorventes na indústria de catalisadores

Por vezes, na indústria, é necessário separar um componente ou diferentes componentes de uma mistura através de métodos adequados. O tipo de método escolhido para a separação depende de vários factores, tais como a natureza da substância e da mistura, o tamanho, a concentração e a fase da substância. Em geral, a separação baseada na força motriz química é dividida em cinco categorias gerais, e cada mistura pode ser separada utilizando um destes métodos ou uma combinação dos mesmos.

Os métodos gerais de separação são:
- ✓ Separação por criação de uma nova fase (destilação).
- ✓ Separação por adição de uma nova fase (utilização de solvente).
- ✓ Separação através da criação de uma barreira (utilizando uma membrana).
- ✓ Separação por partículas sólidas (adsorção superficial).
- ✓ Separação por campo magnético ou elétrico.

Absorção de superfície

A adsorção superficial é um tipo de processo de separação em que alguns componentes de uma fase líquida são transferidos para a superfície absorvente. Em geral, nos materiais sólidos, a estrutura da superfície é diferente da estrutura da massa sólida, de modo que a superfície não está completamente saturada em termos de energia, e quando o sólido é exposto a um gás, as moléculas de gás estão ligadas aos centros nas superfícies e são absorvidas. para ser Este fenómeno é chamado de absorção de gás por sólido. Um dispositivo simples de absorção de superfície é constituído por um cilindro no qual é colocado o absorvente e sobre o qual circulam gás e líquido. Normalmente, as pequenas partículas sólidas são mantidas fixas num leito e o gás passa continuamente através desse leito. Finalmente, o sólido está quase saturado e não é possível efetuar mais nenhuma separação. Nesse momento, o fluxo é transferido para o segundo leito, até que o absorvedor esteja saturado, seja substituído ou regenerado. A adsorção superficial é considerada como o processo mais importante na separação para baixas concentrações.

Na absorção superficial, ao contrário do processo de absorção em que a separação ocorre na massa líquida, a separação ocorre na superfície sólida. O ponto importante que deve ser levado em consideração na absorção de superfície é que este método de separação é usado como um método eficiente quando se considera a separação em baixas concentrações. Porque as partículas utilizadas na absorção de superfície ficam saturadas após algum tempo e perdem a sua capacidade de absorção inicial.

Por conseguinte, este método não é muito útil em concentrações elevadas. Os absorventes ficam rapidamente saturados e perdem a sua capacidade. A maioria dos adsorventes são materiais muito porosos e a adsorção superficial ocorre principalmente nas paredes das cavidades ou em locais específicos no interior da partícula. Uma vez que os orifícios são geralmente muito pequenos, a área de superfície interna é várias vezes superior à área de superfície externa e atinge aproximadamente entre 500 e 1000 metros quadrados por grama.

A diferença de massa molecular, de forma ou de polaridade faz com que algumas moléculas se mantenham mais firmemente na superfície. Também é possível que os poros sejam demasiado pequenos para aceitar moléculas maiores. Como resultado, os materiais são separados. Em muitos casos, o componente adsorvido é mantido suficientemente firme e a sua separação completa é possível, exceto para o fluido com muito pouca absorção de outros componentes.

Neste caso, ao regenerar o absorvente, o material absorvido pode ser processado numa forma concentrada ou quase pura. As aplicações da absorção de superfície na fase de vapor incluem a reciclagem de solventes orgânicos utilizados em tintas, compostos de impressão e soluções utilizadas para fundição. A adsorção superficial em carbono é utilizada para separar do ar poluentes como o CO_2, o N_2O e outros compostos odoríferos, pelo que os automóveis mais recentes utilizam latas de carvão para evitar que a gasolina entre no ar no interior do automóvel. a ser A secagem de gases é frequentemente efectuada por absorção superficial de água em sílica-gel, alumina ou outros sólidos minerais porosos.

Os zeólitos ou crivos moleculares, a alumina e os silicatos naturais ou artificiais são eficazes na produção de gases com baixo ponto de orvalho. A adsorção superficial em crivos moleculares é também utilizada para a separação de oxigénio e azoto, para a preparação de hidrogénio puro e para a separação de parafinas normais de parafinas ramificadas e de compostos aromáticos.

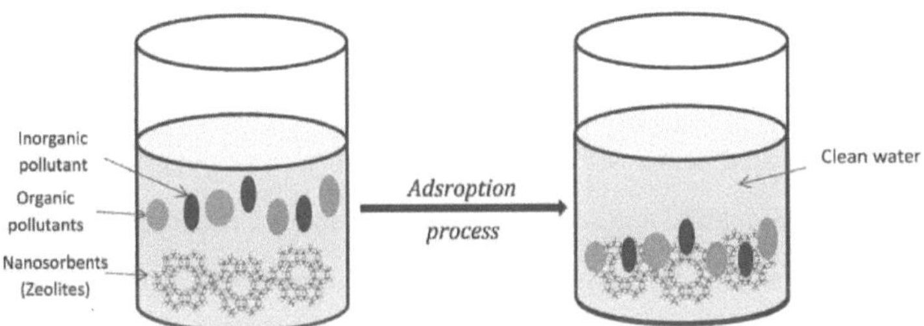

Figura 28. Nano-adsorventes para a recuperação de águas e águas residuais

A direção da transferência de massa neste processo é da fase líquida para a fase sólida, e o oposto é conhecido como o processo de deposição superficial. A fim de recuperar alguns materiais valiosos de superfícies absorventes, o processo de eliminação com eficiência adequada é amplamente utilizado.

O caudal de gás e o tempo necessário para o ciclo desejado determinam a dimensão do leito de adsorvente. Utilizando leitos mais longos, o ciclo de absorção pode ser prolongado para vários dias, mas o aumento da queda de pressão e o investimento inicial mais elevado da coluna de absorção torná-lo-ão antieconómico. Os processos de separação por adsorção superficial são praticamente semelhantes.

De tal forma que a mistura que precisa de ser separada. É colocada em contacto com uma fase insolúvel e ocorre a desarmonia na distribuição dos componentes principais entre a fase adsorvida na superfície do sólido e a massa líquida, fazendo-se a separação. Existem dois tipos de separação na absorção superficial:

- ❖ absorção física de superfície ou de van der Waals.

- ❖ Absorção química da superfície.

Absorção física superficial ou de van der Waals: Este tipo de absorção está relacionado com o processo de reversibilidade, que é obtido como resultado da absorção através de forças intermoleculares entre o sólido e a superfície dos materiais adsorvidos. Por exemplo, quando as forças intermoleculares entre um sólido e um gás são maiores que as forças intermoleculares do gás sozinho, mesmo que a pressão do gás seja menor que a pressão de vapor na temperatura do sólido, as moléculas de gás são adsorvidas na superfície do sólido.

Esta absorção é normalmente acompanhada de calor e é ligeiramente superior ao calor latente de evaporação. O material absorvido não é substituído na estrutura cristalina sólida e não se dissolve nela, mas permanece completamente na superfície sólida. Na maior parte das vezes, no estado de equilíbrio, a pressão parcial da substância adsorvida é igual à pressão da fase gasosa em contacto e, diminuindo a pressão do gás ou aumentando a temperatura, o gás adsorvido é facilmente removido. A absorção física não é específica e, tal como a condensação, ocorre geralmente com qualquer sistema gás-sólido e não depende do tipo de absorvente ou de absorvente, desde que a combinação de temperatura e pressão seja adequada. A adsorção superficial reversível (física) não se limita aos gases, mas também foi observada em líquidos.

Absorção química

A adsorção química de superfície ou adsorção de superfície activada é o resultado de uma ligação química entre um sólido e um material adsorvido. A força das ligações químicas é diferente e podem não se formar compostos químicos, mas, em qualquer caso, a força de adesão neste tipo de absorção é superior à da absorção física. Devido à reação química, o calor libertado durante a absorção química é geralmente superior ao da absorção física. Este processo é frequentemente irreversível e, na fase de eliminação, os principais materiais sofrem frequentemente alterações químicas.

A absorção química é mais observada nos catalisadores. A quantidade de calor de absorção física é igual à quantidade de calor para a liquefação do gás absorvido, enquanto o calor de absorção química é quase igual ao calor da reação química. Por outro lado, o processo de absorção química é geralmente controlado pela resistência da reação superficial e a taxa de absorção aumenta com o aumento da temperatura. Na separação e purificação de materiais, o componente desejado é absorvido pelo adsorvente e, perto do ponto de saturação do substrato, deixa de ter a eficiência necessária para uma separação óptima.

Nesta fase, o substrato deve ser regenerado por métodos de eliminação da superfície e, em seguida, deve ser utilizado o absorvente.

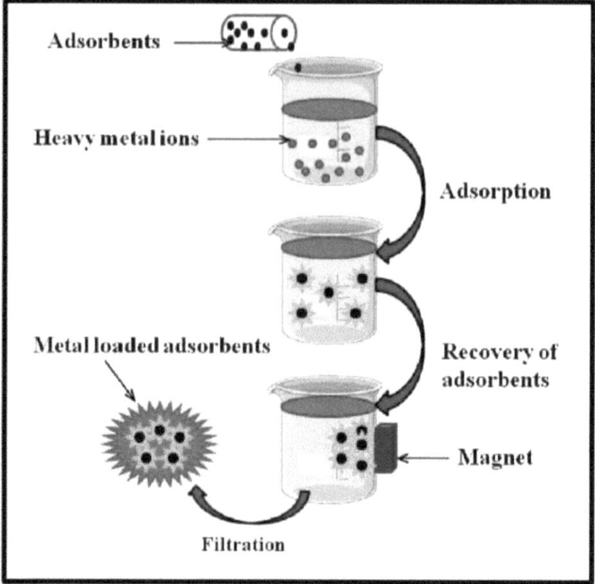

Figura 29. Tratamento de águas residuais por adsorção de iões de metais pesados

Comparação geral dos tipos de adsorção de superfície

A comparação das propriedades físicas e químicas de adsorção leva-nos às seguintes diferenças entre estes dois tipos de mecanismos.

❖ A absorção física é um fenómeno reversível, enquanto a absorção química não é reversível.

❖ Na absorção física, todas as superfícies sólidas interferem no processo de absorção.

❖ O calor de absorção física é inferior ao calor de absorção química.

❖ A absorção física pode ter lugar a baixas temperaturas. Porque a energia de ativação da absorção física é baixa.

❖ A absorção física não depende do tipo de adsorvente e do tipo de adsorvido e é sempre possível, mas a absorção química depende tanto do tipo de substância como do tipo de adsorvente.

❖ Na absorção física, o absorvente pode sempre ser recuperado e reutilizado.

Critérios de seleção dos processos de absorção de superfície

A comparação entre diferentes processos de separação, de modo a escolher o processo mais adequado, é de particular importância. A facilidade de separação por destilação é determinada pelo coeficiente de volatilidade α, que é o rácio entre as pressões de vapor dos dois componentes para uma mistura binária ideal.

Apesar dos benefícios da destilação, basicamente este processo consome muita energia. Os casos em que o processo de absorção é preferível à destilação são os seguintes

❖ Separação de compostos cujo coeficiente de volatilidade dos componentes principais é de cerca de 1,5 ou inferior, como a separação de diferentes isómeros de um composto.

❖ Se o caudal de alimentação tiver um valor reduzido. Nestes casos, a quantidade de componente não volátil é elevada e a concentração do produto desejado é relativamente baixa. Por conseguinte, a corrente de retorno tem um rácio elevado e, consequentemente, será necessária muita energia.

❖ Para separar dois grupos de componentes cujos limites de soldadura se sobrepõem. Neste momento, mesmo que o coeficiente de volatilidade seja elevado, são necessárias várias colunas de destilação.

❖ Separação a baixa temperatura e alta pressão, necessária nas operações de conversão de gás em líquido.

❖ Casos especiais de separação em que o custo do processo de absorção será muito inferior ao custo do processo de destilação.

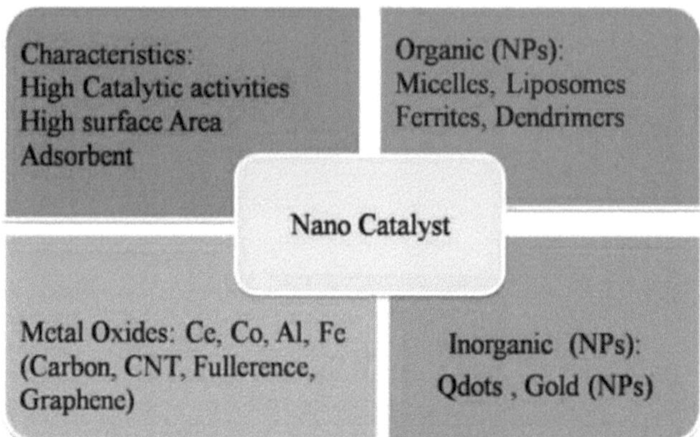

Figura 30. Exploração de tecnologias de nanomateriais e de películas finas

Parâmetros que afectam a absorção

De acordo com as teorias existentes, a capacidade de absorção de equilíbrio depende dos seguintes factores

- ✓ Tipo de absorvente
- ✓ Tipo de absorvente.
- ✓ Condições do processo.
- ✓ Efeito do tipo de absorvente.

Os adsorventes são materiais sólidos porosos que permitem que as moléculas de alguns materiais sejam integradas neles e absorvidas devido à propriedade de absorção que têm na sua superfície. Estes espaços vazios têm formas e tamanhos diferentes e afectam fortemente a quantidade de absorção e o tipo de material que pode ser absorvido.

O tipo de adsorvente afecta a capacidade de absorção de duas formas:

1- O volume total da cavidade absorvente: quanto maior for o volume da cavidade, mais absorvente é absorvido e, se o fluxo de gás ou de ar estiver completamente saturado com o absorvente, é atingida a capacidade máxima de absorção em equilíbrio.

2- Distribuição do tamanho dos furos: de acordo com a classificação IUPAC baseada no tamanho dos furos, os furos são divididos nos três grupos seguintes com base no diâmetro:

- ✓ **Microporos:** pequenos orifícios com um diâmetro inferior a 2 nanómetros.
- ✓ **Mesoporos:** Poros médios com um diâmetro entre 2 e 50 nanómetros.
- ✓ **Macroporo:** poros grandes com um diâmetro superior a 50 nanómetros.

A absorção real ocorre quase exclusivamente em poros minúsculos. Os orifícios médios são responsáveis pela transferência do adsorvente da fase gasosa para os orifícios pequenos, e os orifícios grandes determinam a acessibilidade do adsorvente.

A baixas concentrações de adsorvente, a absorção ocorre praticamente apenas nos poros mais pequenos, que têm a energia de absorção mais elevada. Os sólidos absorventes são normalmente consumidos sob a forma de grânulos e o seu diâmetro varia entre 12 mm e 50 micrómetros. Os absorventes têm caraterísticas diferentes consoante a aplicação e a situação de consumo.

Por exemplo, se forem utilizados num leito fixo com um fluxo de gás ou líquido, não devem criar uma grande diferença de pressão e também não devem ser arrastados pelo fluxo de fluido. Devem ter uma boa resistência e dureza, de modo a não serem esmagados no leito devido ao transporte e também devido ao seu peso. Se quisermos transferi-los para dentro e para fora dos contentores de armazenamento, devem fluir facilmente.

Esta caraterística é facilmente reconhecível. A absorção é um fenómeno geral e todos os sólidos absorvem alguma quantidade de gases e vapores, mas para fins industriais apenas alguns sólidos têm a capacidade de absorção necessária. No caso dos sólidos que têm uma propriedade de absorção muito especial e absorvem uma grande quantidade, a sua natureza química está relacionada com a propriedade de absorção, mas apenas a identificação química não é suficiente para expressar a sua utilidade.

Para que os adsorventes sejam úteis, é necessário ter uma grande área de superfície por unidade de massa. Na absorção gasosa, a superfície real não é a superfície das partículas granulares, mas uma superfície maior que inclui o interior de buracos e fissuras. Os orifícios são muito pequenos e normalmente têm um diâmetro de cerca de algumas moléculas, mas o seu grande número produz uma superfície maior para absorção.

Existe uma outra caraterística que é muito importante, mas nem todas são conhecidas e, para verificar a capacidade de absorção, é necessário confiar na observação e na experiência. A pressão de vapor de um líquido ou gás nas cavidades capilares é diferente da sua pressão de vapor em condições normais. Se tivermos um tubo capilar, a pressão de vapor é menor do que a pressão de vapor na superfície livre.

Por outras palavras, o seu ponto de ebulição é mais elevado a uma pressão constante. Isto significa que o vapor condensa mais rapidamente nos tubos capilares. Quanto mais pequenos forem os orifícios de um absorvente, menor será a pressão de vapor e mais rápida será a condensação. Assim, nos absorventes microporosos e mesoporosos, para além da absorção na superfície sólida, devido à presença de vazios mais finos, ocorre também a condensação do gás. No entanto, nos absorventes microporosos, o processo de remoção também é difícil.

Efeito do tipo de adsorvente

É evidente que o absorvente deve ser suficientemente pequeno para caber nos orifícios do absorvente e que a densidade também é efectiva na massa máxima do absorvente. Os dois primeiros parâmetros são eficazes na quantidade absorvida, enquanto o ponto de ebulição e a estrutura do absorvente são eficazes no poder de absorção. Basicamente, um adsorvente com um ponto de ebulição mais elevado absorve mais do que um adsorvente com um ponto de ebulição mais baixo. A forma de absorção também tem um grande efeito. Por exemplo, o benzeno penetra melhor nos poros do que o hexano.

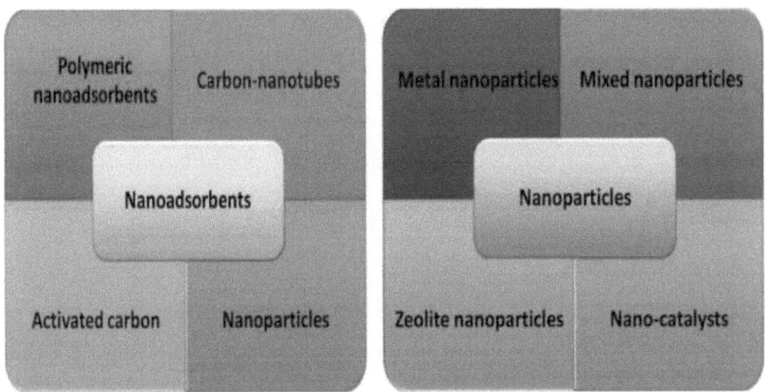

Figura 31. Classificação dos nanoadsorventes e das nanopartículas

Efeito das condições do processo

As condições que afectam a capacidade de absorção de equilíbrio são as seguintes

1- Concentração do adsorvente: Em concentrações baixas, a absorção ocorre apenas nos poros mais pequenos, enquanto que em concentrações elevadas, os poros maiores também participam na absorção, pelo que a capacidade de absorção de equilíbrio aumenta.

2- Temperatura de absorção: A temperatura de absorção é efectiva na quantidade de energia absorvida. Por outras palavras, uma temperatura de absorção mais elevada é equivalente a uma capacidade de absorção mais baixa. Outros parâmetros e condições do processo não têm efeito sobre a capacidade de absorção e são efectivos no tempo necessário para atingir o equilíbrio.

Absorventes

Os adsorventes têm propriedades de absorção selectiva. Isto significa que, dependendo da estrutura e do tipo de absorvente, podem absorver alguns materiais mais do que outros materiais no sistema. Em geral, para qualquer processo de absorção, a seleção do absorvente é a parte mais importante do projeto. Consequentemente, devem ser tidos em consideração aspectos como a capacidade, a seletividade, a capacidade de reanimação, a cinética, a compatibilidade e o preço, que descrevemos brevemente aqui:

1- Capacidade: A capacidade de absorção é a caraterística mais importante de qualquer absorvente e é igual à quantidade de material que é absorvido por unidade de massa ou volume do absorvente. Esta caraterística depende da concentração da fase líquida, da temperatura e de outras condições, especialmente das condições iniciais do adsorvente. Normalmente, a informação relativa à capacidade de absorção é medida a temperatura constante e a diferentes concentrações de material adsorvente ou pressão parcial de vapor ou gás, e os dados obtidos são traçados numa curva denominada curva isotérmica. A capacidade de absorção é o principal fator na determinação do preço do absorvente. Porque este fator determina a quantidade de absorvente necessária para o processo e também determina o tamanho do leito de absorção.

2- Seletividade: Este fator está relacionado com a capacidade de absorção, mas existem outras definições específicas para este fator. A definição mais simples de seletividade é: a razão entre a capacidade de absorção de um componente e a de outro componente numa concentração específica de fluido. Este rácio aproxima-se normalmente de um valor constante à medida que a concentração diminui e se aproxima de zero.

3- Regenerabilidade: Todos os processos de absorção cíclica baseiam-se nas propriedades de regeneração do adsorvente, e este fator causa o desempenho uniforme dos adsorventes em processos cíclicos. De facto, a capacidade de regeneração significa que cada componente adsorvido só deve ser fisicamente absorvido pelo adsorvente, ou pode dizer-se que a sua absorção no adsorvente é fraca. O calor de adsorção determina a quantidade de energia necessária para regenerar o adsorvente.

4- Cinética: A cinética da transferência de massa é um termo geral que está relacionado com a resistência à transferência de massa intrapartícula. Este fator é de particular importância devido ao controlo do tempo de ciclo dos processos de absorção com um leito fixo.

5- Compatibilidade: Este fator abrange vários acontecimentos químicos e físicos que reduzem a vida útil do absorvente, como a sedimentação biológica ou a corrosão. Por exemplo, um adsorvente não deve reagir de forma irreversível com o material adsorvido. Além disso, as condições de funcionamento, como a velocidade, a temperatura, a pressão e as vibrações, não devem provocar a desintegração indesejada das partículas absorventes.

6- Preço: O preço é o fator mais delicado na escolha de um absorvente. Porque mesmo para um determinado absorvente, o preço tem muitas variações de uma empresa para outra. Raramente, um absorvente tem todas as condições necessárias. Para que um absorvente se aproxime das condições desejadas, é necessário melhorar as suas caraterísticas. O absorvente utilizado em cada processo deve ter uma elevada capacidade de separação do componente desejado. É também necessário que a velocidade de absorção e remoção do componente alvo seja elevada. A base científica e principal para a escolha de um absorvente são as temperaturas de equilíbrio. Por conseguinte, é necessário prestar atenção às temperaturas de equilíbrio de todos os elementos e componentes na pressão e temperatura de funcionamento e na mistura de gases.

7- Comprimento não utilizado do substrato (LUB): O comprimento não utilizado do substrato é determinado pela isotérmica de equilíbrio, e este comprimento é normalmente metade da área de transferência de massa. Quanto mais curto for este comprimento, maior será a eficiência do adsorvente e a pureza do produto. A distribuição do tamanho das partículas também pode afetar o LUB, mas a sua importância não atinge o nível de importância das isotérmicas de equilíbrio. Além destes, outros factores devem ser considerados para a seleção do absorvente. Por exemplo, para fluxos gasosos contendo humidade, o carvão ativado é o único adsorvente comercial adequado. Porque os outros atractivos necessitam de uma fase de secagem preliminar.

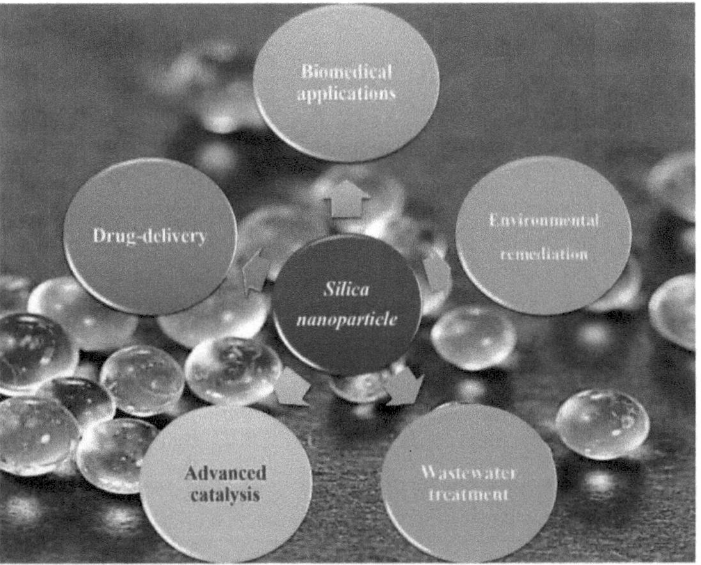

Figura 32. Progressos recentes nas aplicações de nanopartículas à base de sílica

Métodos de recuperação de adsorventes

Muitos processos comerciais utilizam dois ou mais leitos empacotados de adsorventes para purificar e separar gases. A estrutura mais simples consiste em duas torres de enchimento, uma das quais actua como absorvente, enquanto a outra, saturada pelo fluxo de gás, actua como regenerador. Em seguida, os papéis dos dois substratos são invertidos e o absorvedor torna-se o regenerador, enquanto o substrato recém regenerado torna-se o absorvedor. O ciclo é então repetido num intervalo de tempo pré-determinado.

Por conseguinte, embora cada um dos substratos funcione de forma descontínua, haverá um fluxo contínuo de alimentação e produto no sistema. A duração do ciclo depende essencialmente do método de regeneração do substrato através da alteração da pressão ou da temperatura. Em muitas aplicações, a recuperação e reutilização do adsorvente é economicamente necessária.

Como já foi referido, os métodos práticos de reanimação incluem um ou uma combinação destes elementos:

❖ Alternância de temperatura (TSA).

❖ intervalo de pressão (PSA).

❖ Remoção com gás neutro.

❖ Substituição por um componente mais forte em termos de poder de absorção da superfície.

Isotérmicas de adsorção de superfície

As isotérmicas mais importantes observadas até à data são classificadas em cinco tipos:

❖ O tipo I é o tipo mais simples de isotérmica, que se chama isotérmica de Langmuir e é uma isotérmica ideal que é adequada para baixas pressões e momentos iniciais de absorção. As moléculas cobrem a superfície com o tempo e a absorção não é fácil. Esta isotérmica é frequentemente utilizada para absorventes microporosos.

❖ A isoterma do tipo II é conhecida como isoterma BET. Este tipo de isotérmica é apresentado para materiais não porosos com fortes ligações fluidas e superficiais.

❖ As isotérmicas do tipo III indicam a absorção de moléculas numa forma multicamada, mas neste caso, várias camadas são absorvidas antes da formação da primeira camada. Este comportamento ocorre quando a força de atração entre a superfície do adsorvente e o gás é menor do que a força de atração entre as moléculas adsorvidas. As isotérmicas de tipo II e III são normalmente observadas apenas em adsorventes nos quais existe uma vasta gama de tamanhos de poros.

Nestes sistemas, com o aumento da pressão, verifica-se um aumento contínuo da absorção numa única camada para a absorção em várias camadas e depois para a condensação capilar. O aumento da capacidade a alta pressão é devido à condensação capilar nas cavidades, que aumentam de diâmetro com o aumento da pressão.

❖ 4 e 5- As isotérmicas de tipo IV e V mostram as equações em que se pode observar o efeito da capilaridade da absorção. Neste tipo de isotérmicas, a adsorção e a dessorção têm gráficos diferentes.

Entre as isotérmicas acima referidas, as isotérmicas dos tipos I e II são as mais comuns nos processos de separação.

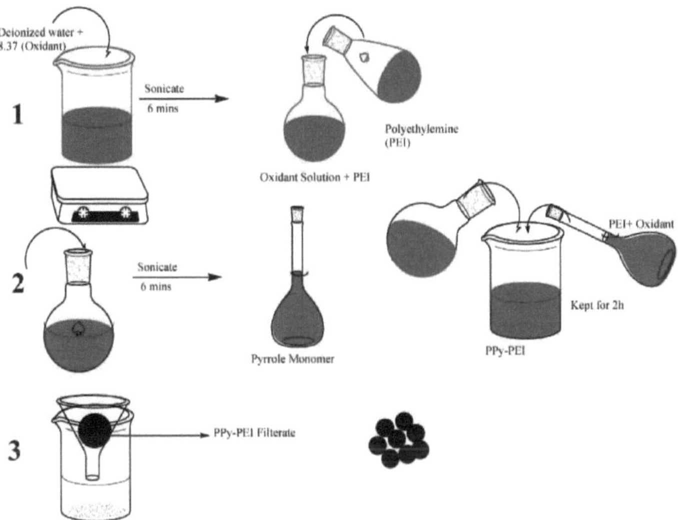

Figura 35. Nanoadsorvente à base de polímeros

Absorção em cobertura reduzida (direito artístico)

Esta lei é válida para a adsorção física em que não há alteração do estado molecular no adsorvente. De acordo com esta lei, para a absorção numa superfície uniforme em concentrações suficientemente baixas para que todas as moléculas estejam isoladas das moléculas vizinhas mais próximas, a relação de equilíbrio entre a fase líquida e a concentração da fase absorvida é linear.

Esta relação linear é conhecida como lei de Arti devido à sua semelhança com o comportamento limite de soluções e gases em líquidos e ao coeficiente de proporcionalidade constante, e a constante de equilíbrio de adsorção é também chamada de constante de Arti. A constante artística pode ser uma função da pressão ou da concentração:

$q = KC$ Ou $q = K'p$

q e C são a concentração em moles por unidade de volume na fase adsorvida e na fase líquida, respetivamente.

Modelo de equilíbrio de Langmuir

O modelo teórico de adsorção de camada única mais simples e mais útil nos processos de separação foi apresentado por Langmuir em 1918. O modelo de Langmuir foi originalmente criado para expressar a absorção química num determinado conjunto concentrado numa superfície térmica uniforme nos locais de absorção.

Os principais pressupostos do modelo de Langmuir
- ✓ As moléculas são absorvidas em locais definidos e concentrados.
- ✓ Cada sítio pode conter apenas uma molécula adsorvida.
- ✓ Todos os sítios são iguais em termos de energia.
- ✓ Não há colisão entre moléculas adsorvidas em sítios vizinhos.

A cobertura da superfície ou o enchimento fraccionado dos poros finos é igual a $\theta=q/q_s$, em que q_s é o número total de sítios por unidade de peso ou volume do absorvente e a pressão parcial na fase gasosa é P, que é substituída por C(=P/RT) quando se utiliza a concentração na fase fluida. A taxa de absorção superficial, assumindo uma taxa de reação de primeira ordem, é $KaP(\theta-1)$. Neste caso, a taxa de eliminação será igual a: $Kd\theta$.

Em equilíbrio, as taxas de absorção e excreção são iguais. Neste caso, teremos:

$$\frac{\theta}{1-\theta} = \frac{K_a}{K_d}.P = bP$$

em que $b = \frac{K_a}{K_d}$ é a constante de equilíbrio de adsorção.

A equação acima é reescrita da seguinte forma:

$$\theta = \frac{q}{q_s} = \frac{bp}{1+bp}$$

No estado de saturação, a quantidade absorvida atinge o equilíbrio e a pressão aproxima-se do infinito. Em baixas concentrações, o valor de q é próximo de zero e temos:

$$1 - \theta \to 1$$

$$\theta \to 0$$

como resultado :

$$\frac{\theta}{1-\theta} \to \frac{q}{q_s}$$

$$lim_{p \to 0}\left(\frac{q}{p}\right) = bq_s = K'$$

o que indica que a equação de Langmuir é alterada para a equação do tipo Henry. O método de comparação dos resultados teóricos do modelo de Langmuir com os dados experimentais é geralmente: desenhar p/q em termos de p ou 1/q em termos de 1/p. Assim, as equações estão dispostas desta forma:

$$\frac{p}{q} = \frac{1}{bq_s} + \frac{p}{q_s}$$

Por conseguinte, é óbvio que os parâmetros do modelo q_s e b são simplesmente obtidos a partir do declive e da largura a partir da origem. A representação gráfica de p/q em termos de p é mais sensível a pequenos desvios. Porque a variável p existe em ambos. O modelo de Langmuir é qualitativamente correto quando a isotérmica de tipo I é apresentada, e é possível obter um bom ajuste numa vasta gama de concentrações com uma escolha razoável de q_s e b neste caso.

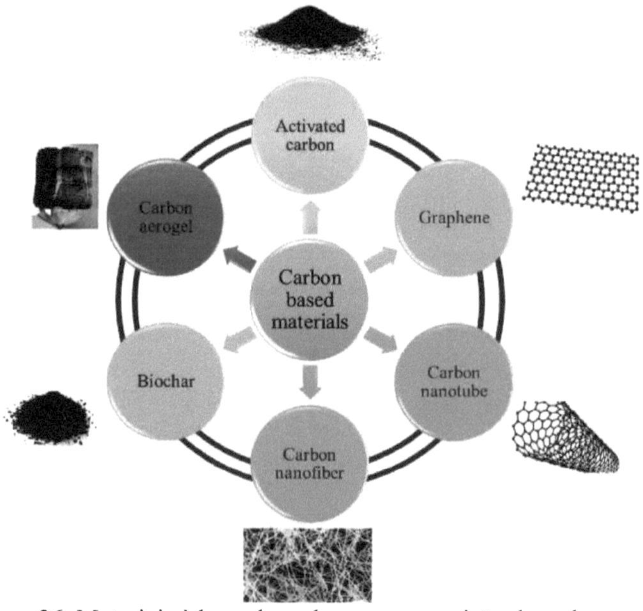

Figura 36. Materiais à base de carbono: uma revisão dos adsorventes

Isotérmica de Langmuir incluindo a interação das moléculas

Uma das correcções efectuadas na isotérmica de Langmuir consiste em considerar a interação de moléculas adsorvidas adjacentes. Este efeito está relacionado com as forças de van der Waals e, por conseguinte, aumenta com a absorção física, que está mais relacionada com as forças de van der Waals.

Isotérmica de Langmuir em superfícies heterogéneas (isotérmica de

Freundlich)

Um exemplo real de isotérmicas que é comummente utilizado é a equação de Freundlich. Na discussão principal de Langmuir, a quantidade absorvida é basicamente o total da absorção que foi feita em todos os centros activos. Cada um destes centros tem o seu próprio valor b e o valor de calor também é calculado. Zeldowitch assumiu uma função exponencial decrescente da densidade de centros activos em relação a q e obteve uma isotérmica experimental clássica conhecida como isotérmica de Freundlich.

$$q = k_f C^{\frac{1}{n_F}}$$

Esta equação é frequentemente designada por equação empírica. A interpretação desta equação é teoricamente possível sob a forma de absorção numa superfície heterogénea de energia.

Isotérmica de Langmuir em superfícies heterogéneas (equação de Langmuir-Freundlich)

Devido à limitação do modelo de Langmuir em prever o equilíbrio da mistura, várias pessoas modificaram as equações usando a relação de potência com a forma de Freundlich. Langmuir considerou a atração que cada molécula ocupa por dois centros. Neste caso, são necessários dois centros activos para a absorção e a absorção, pelo que as taxas de absorção e de absorção são proporcionais a θ e 2θ. A isoterma resultante é:

$$\theta = \frac{(bP)^{\frac{1}{2}}}{1 + (bP)^{\frac{1}{2}}}$$

Se houver n sítios ocupados, teremos:

$$\theta = \frac{(bP)^{\frac{1}{n}}}{1 + (bP)^{\frac{1}{n}}}$$

De acordo com a isotérmica de Freundlich, a quantidade absorvida aumenta com a pressão. Ambas as isotérmicas de Langmuir e Freundlich têm dois parâmetros. As isotérmicas resultantes são relações adequadas para cobrir os valores experimentais numa vasta gama de pressão e temperatura.

Embora não exista um conceito termodinâmico completo para este modelo, a expressão acima apresentada mostrou uma boa correspondência com as relações experimentais de equilíbrio de dois componentes para uma série de gases simples em absorvedores de crivo molecular e é amplamente utilizada para fins de projeto. No entanto, devido à falta de uma base teórica adequada para estas equações, deve ter-se cuidado ao utilizá-las.

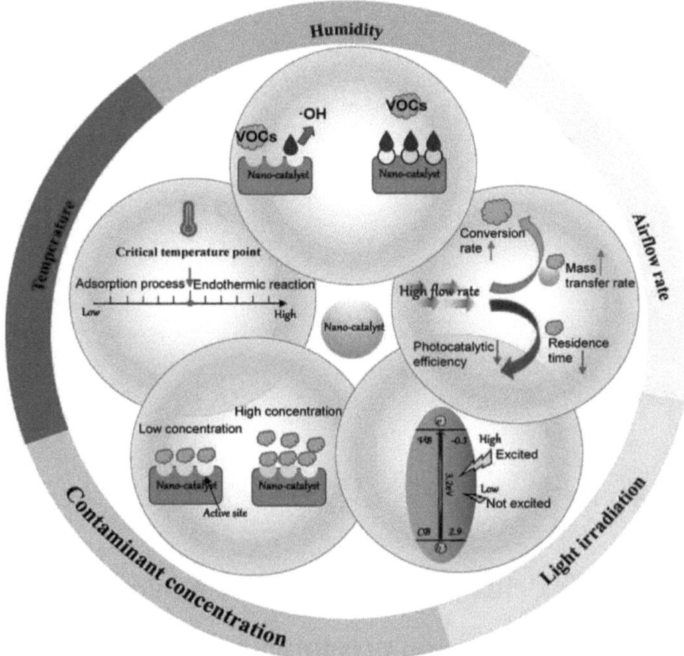

Figura 37. Revisão crítica dos nanocatalisadores de superfície modificada

Capítulo 4: Princípios da síntese de nanopartículas pelo método de precipitação química

A síntese química de nanopartículas inclui métodos de precipitação do produto a partir de uma solução contendo precursores. A precipitação do produto e, sobretudo, os processos de síntese por co-precipitação baseiam-se em reacções de precipitação, oxidação, redução, pirólise, hidrólise, deposição e condensação.

Métodos de síntese química

Em muitas nano-sínteses, o objetivo é preparar nanopartículas monodispersas. Além disso, um processo de síntese é valioso quando a variação no tamanho das partículas do produto é inferior a 5%. As nanopartículas que têm uma gama limitada de tamanhos apresentam propriedades homogéneas e especiais. Apenas essas nanoestruturas têm a capacidade de serem amplamente utilizadas em produtos industriais. Por conseguinte, é muito importante fornecer métodos de síntese de nanomateriais em grande escala que conduzam à produção de partículas monodispersas e homogéneas. Em geral, a síntese química inclui métodos que envolvem a precipitação a partir de uma fase líquida ou de uma solução. Estes métodos são comparados com os métodos mecânicos de síntese de nanomateriais e com os métodos físicos. Em alguns textos, estes métodos são designados por métodos mais sintéticos ou húmidos ou síntese a partir da fase de solução.

Pode dizer-se que, neste caso, as espécies solúveis são convertidas numa forma química insolúvel ou ligeiramente solúvel. Os métodos químicos de síntese de nanomateriais permitem a engenharia de nanoestruturas, bem como a modificação da superfície, uma vez que são considerados abordagens ascendentes.

Além disso, os métodos de síntese a partir da fase de solução, tal como os métodos físicos e ao contrário de muitos métodos mecânicos, para além dos nanopós, também têm a capacidade de criar uma camada fina com nanotecnologia. Isto apesar do facto de, em comparação com os métodos físicos, os métodos químicos exigirem basicamente instalações mais simples e mais baratas, o que é considerado uma grande vantagem à escala da investigação laboratorial e da produção industrial. Os métodos de degradação térmica, sol-térmica e hidrotérmica, a síntese em microemulsão ou micelas reversas, os métodos sol-gel e de precipitação química pertencem a esta categoria.

Método de precipitação química

Pode dizer-se que o método de precipitação química é o principal e um dos primeiros entre os métodos químicos de fabrico de nanopartículas. Este método é por vezes designado mais exatamente por método de co-precipitação.

Porque a co-precipitação é um processo em que uma substância solúvel no ambiente se transforma numa estrutura insolúvel. Os princípios deste método de síntese são repetidos em muitos outros métodos de síntese a partir da fase de solução. Em geral, a formação de produtos pouco solúveis a partir da fase aquosa é a base deste método. O processo de deposição química inclui as fases de nucleação e crescimento. O controlo destas duas fases conduz à produção de produtos de qualidade. Muitos compostos com este método têm um estado amorfo.

Por conseguinte, para obter produtos com uma estrutura cristalina adequada, é necessário efetuar processos térmicos secundários, como a calcinação ou o recozimento. No entanto, esses processos térmicos secundários podem levar à aglomeração e reduzir a qualidade das partículas do produto. Por conseguinte, é difícil preparar partículas monodispersas através do método de precipitação química.

Reacções químicas em nano-sínteses

A base de mais métodos químicos para a síntese de nanopartículas são muitas reacções químicas básicas. Como já foi referido, muitas destas reacções conduzem eventualmente à precipitação de partículas sólidas a partir da fase de solução. Por vezes, estas reacções são geralmente designadas por processos sintéticos de co-precipitação. Estas incluem reacções sedimentares, oxidação, redução e processos como a hidrólise, pirólise, deposição e condensação. Segue-se uma breve descrição de cada uma destas reacções.

Reacções de precipitação: quando a concentração do composto excede a sua solubilidade, a substância começa a precipitar. Por vezes, a sedimentação tem lugar em condições supersaturadas. Normalmente, as reacções de substituição cruzada podem levar à produção de um sólido iónico pouco solúvel que cria um produto precipitado. Por vezes, esta reação é simplesmente designada por reação de substituição dupla. Neste caso, o cloreto de prata é menos solúvel e precipita quase logo que é produzido na solução. O produto nitrato de sódio representado por (aq) na equação é solúvel em meio aquoso e existe como iões $Na+$ e $-NO3$ separados.

Basicamente, pode dizer-se que estes iões tiveram apenas o papel de acompanhantes ou observadores e não participaram na reação. Neste caso, os iões prata e cloreto, ao contrário dos catiões sódio e nitrato, podem estar presentes juntos em solução aquosa apenas em concentrações muito baixas e formam rapidamente sedimentos. Por outro lado, no sentido inverso da equação acima, pode dizer-se que a precipitação do cloreto de prata é ligeiramente solúvel no meio aquoso, e uma pequena quantidade de iões prata e cloreto livres é criada devido à sua ligeira dissolução no meio. As expressões entre parêntesis indicam a concentração das espécies

A e B, os valores de Ksp e, consequentemente, a solubilidade de alguns compostos como hidróxidos, carbonatos, oxalatos e calcogenetos em solvente aquoso são pequenos. Os valores dos produtos de solubilidade são dados nas tabelas correspondentes dos livros de química analítica.

Reacções de oxidação-redução: Como já foi referido, embora as reacções de dupla substituição possam levar à formação de compostos pouco solúveis, outras reacções também dão origem a compostos pouco solúveis. As reacções de oxidação-redução são acompanhadas por uma alteração do número de oxidação dos componentes utilizados na reação. A reação de redução é normalmente utilizada para preparar formas insolúveis de iões metálicos em meio aquoso. Basicamente, sempre num processo químico de oxidação-redução, dois compostos químicos são oxidados e reduzidos em conjunto.

Um composto que é oxidado liberta um eletrão e é por isso chamado agente redutor. Por outro lado, pode dizer-se que o segundo composto provoca a oxidação do agente redutor. O facto de dois materiais desempenharem o papel de dador e aceitador de electrões durante um processo de oxidação e redução está relacionado com o potencial de elétrodo padrão (E0). Esta quantidade (E0) é basicamente um indicador da tendência do composto químico para captar ou libertar electrões.

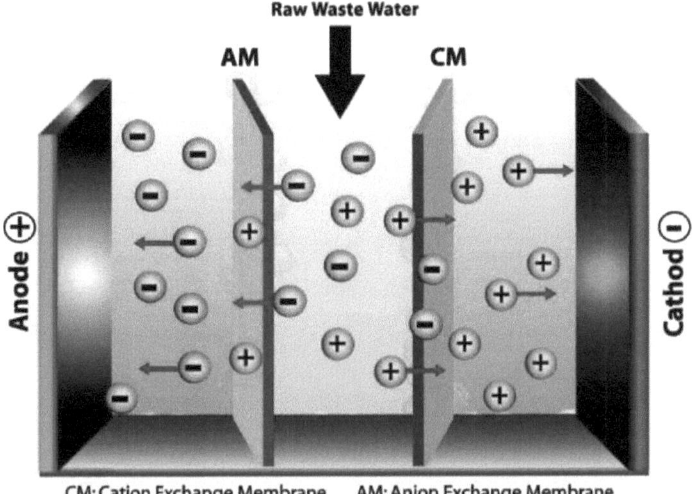

Figura 38. Nano Adsorventes para o tratamento de águas residuais

Processo de escavação da água: No processo de escavação da água, com o aumento de uma molécula de água na estrutura da molécula química, ocorre uma quebra numa ligação específica da molécula primária. Em termos mais simples, com a intervenção de uma molécula de água, a molécula primária parte-se em duas partes. Em muitos casos, a molécula de água também se quebra e cada parte dela está ligada a uma parte da molécula primária. Mesmo em meio aquoso puro, a água dissocia-se em iões hidroxilo e hidrónio. A desidratação é uma das etapas básicas do método de síntese sol-gel.

Além disso, o processo de lixiviação ocorre em muitos casos com catiões metálicos. Neste caso, o ião metálico coberto de água acaba por se transformar em hidróxido metálico. Em muitos casos, o hidróxido metálico é um precursor adequado para a síntese de óxidos metálicos. A conversão do hidróxido em óxido metálico é geralmente efectuada por processos de degradação térmica. A conversão direta do cloreto de titânio ($TiCl_3$) em óxido de titânio (TiO_2) ocorre como resultado da desidratação na presença de NH_4 OH.

Processo termodinâmico

A reação endotérmica ou, por vezes, conhecida como degradação térmica, refere-se à destruição química e irreversível de um material a alta temperatura. Se o produto remanescente deste processo for um depósito sólido, pode ser considerado como uma abordagem para a síntese de nanomateriais.

Apresentar o processo

Durante o processo de polimerização, as moléculas primárias são ligadas umas às outras por ligações químicas e criam uma macromolécula. As moléculas iniciais são chamadas de monocamadas e a molécula final é chamada de monocamada. Os processos de submersão podem ser incrementais ou cumulativos.

No processo de cristalização aditiva, as moléculas primárias são simplesmente adicionadas umas às outras, mas na cristalização por condensação, esta adição é acompanhada pela perda de moléculas simples. As nanopartículas poliméricas, especialmente em nanomedicina, têm sido muito bem recebidas, o que se deve à sua biocompatibilidade e à sua vasta aplicação em processos de administração de medicamentos.

Processo de condensação

Geralmente, no processo de condensação, ao ligar moléculas individuais umas às outras, são criadas moléculas como produtos secundários. Se a molécula libertada for a água, este processo é considerado a reação inversa da absorção de água. No processo de extração de água, devido à absorção de água, a ligação química na molécula é quebrada e, no processo de condensação, a formação da ligação provoca a libertação da molécula de água.

Este processo é a etapa mais básica do processo sol-gel. Normalmente, esta etapa ocorre ao mesmo tempo ou após o processo de desidratação e conduz à formação de estruturas de macromoléculas como produto. Como resultado deste fenómeno, a solução inicial (TB) torna-se gradualmente mais viscosa e move-se em direção à fase sólida. O exemplo mais comum deste processo é o processo de condensação de grupos silanol (Si-OH) e a formação da rede SiO_2 . Os próprios grupos silanol são o resultado da hidrólise de grupos alcóxido (Si-OR).

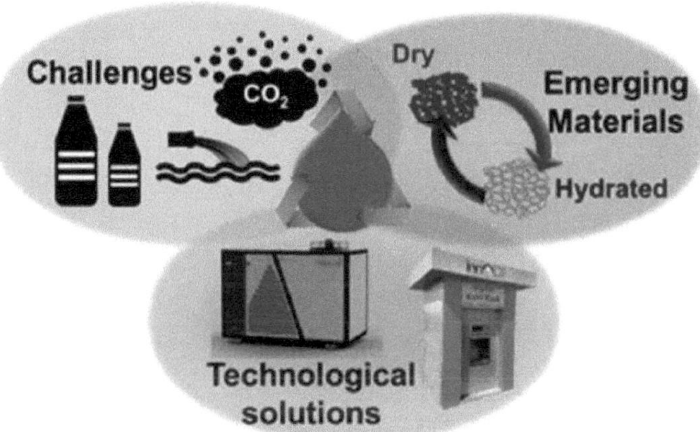

Figura 39. Água limpa através da nanotecnologia

Referências

Ali A.A. Nanotecnologia na construção civil. Int. J. Struct. Civ. Eng. Res. 2020;9: 87-90.

Alsaffar K.A. Revisão da utilização da nanotecnologia no sector da construção. Int. J. Eng. Res. Dev. 2014; 10:67-70.

Anmol L., Veena G. Nanotechnology approach in food science: Uma revisão. Int. J. Food Sci. Nutr. 2018; 3: 183-186.

Anselmo A.C., Mitragotri S. Nanopartículas na clínica: Uma atualização. Bioeng. Transl. Med. 2019;4: e10143.

Asif A.A.H., Hasan M.Z. Aplicação da nanotecnologia nos têxteis modernos: A review. Int. J. Curr. Eng. Technol. 2018; 8:227-231.

Aslan B., Ozpolat B., Sood A.K., Lopez-Berestein G. Nanotechnology in cancer therapy. J. Drug Target. 2013; 21:904-913.

Bajpai V.K., et al., Prospects of using nanotechnology for food preservation, safety, and security. J. Food Drug Anal. 2018; 26:1201-1214.

Bale A.S., et al., Advancements of Lab on Chip in Reducing Human Intervention (Avanços do Laboratório em Chip na Redução da Intervenção Humana); Atas da 3.ª Conferência Internacional sobre Avanços em Computação, Controlo de Comunicações e Redes (ICAC3N), IEE; Bolton, Reino Unido. 17-18 de dezembro de 2021.

Barman J., et al., The role of nanotechnology based wearable electronic textiles in biomedical and healthcare applications (O papel dos têxteis electrónicos vestíveis baseados na nanotecnologia em aplicações biomédicas e de cuidados de saúde). Mater. Today Commun. 2022;32: 104055.

Becker S. Nanotechnology in the marketplace: Como a indústria da nanotecnologia vê o risco. J. Nanoparticle Res. 2013;15: 1426.

Berekaa M.M. Nanotecnologia na indústria alimentar; avanços no processamento, embalagem e segurança alimentar. Int. J. Curr.

Microbiol. App. Sci. 2015;4: 345-357.

Bhardwaj A., et al., Nanotecnologia em medicina dentária: Presente e futuro. J. Int. Oral Health JIOH. 2014; 6:21.

Bhusare S.K. Applications of nanotechnology in fruits and vegetables (Aplicações da nanotecnologia em frutos e legumes). Food Agric. Spectr. J. 2021;2: 231-236.

Bhushan B. Handbook of Nanotechnology. Springer Handbook of Nanotechnology; Berlim/Heidelberg, Alemanha: 2017. Introdução à nanotecnologia; pp. 1-19.

Biswa R., et al., Application of nanotechnology in food: Processamento, preservação, embalagem e avaliação da segurança. Heliyon. 2022; 8:e11795.

Bongomin O., Ocen G.G., Nganyi E.O., Musinguzi A., Omara T. Exponential disruptive technologies and the required skills of industry 4.0. J. Eng. 2020;2020: 4280156.

Brown P., Stevens K. Nanofibers and Nanotechnology in Textiles. Elsevier; Amesterdão, Países Baixos: 2007.

Chellaram C., Murugaboopathi G., John A., Sivakumar R., Ganesan S., Krithika S., Priya G. Significância da nanotecnologia na indústria alimentar. APCBEE Procedia. 2014;8: 109-113.

Comini E., et al. Nanociência e nanotecnologia de óxidos metálicos para sensores químicos. Sens. Actuators B Chem. 2012; 179:3-20.

Dalai D.R., et al., Nanorobot: Uma ferramenta revolucionária em odontologia para a próxima geração. J. Contemp. Dent. 2014;4: 106-112. [

Dubey S.K., et al., Emerging trends of nanotechnology in advanced cosmetics (Tendências emergentes da nanotecnologia na cosmética avançada). Colloids Surf. B Biointerfaces. 2022;214: 112440

Ekengwu I.E., Utu O.G., Okafor C.E. Nanotecnologia na indústria automóvel: O potencial do grafeno. Nanotecnologia. 2019; 9:31-37.

El Naschie M.S. Nanotecnologia para o mundo em desenvolvimento. Chaos Solitons Fractals. 2006;30: 769-773.

Enescu D., Cerqueira M.A., Fucinos P., Pastrana L.M. Recent advances and challenges on applications of nanotechnology in food packaging. Uma revisão da literatura. Food Chem. Toxicol. 2019; 134:110814.

Erkoc P., Ulucan-Karnak F. Estratégias de revestimento de superfícies antimicrobianas e antivirais baseadas na nanotecnologia. Prosthesis. 2021; 3:25-52.

Fadiji A.E., Mthiyane D.M.N., Onwudiwe D.C., Babalola O.O. Harnessing the known and unknown impact of nanotechnology on enhancing food security and reducing postharvest losses: Constrangimentos e perspectivas futuras. Agronomia. 2022;12: 1657.

Fernandes M., et al., Polysaccharides and Metal Nanoparticles for Functional Textiles: A Review. Nanomaterials. 2022; 12:1006.

Foong L.K., Foroughi M.M., Mirhosseini A.F., Safaei M., Jahani S., Mostafavi M., Ebrahimpoor N., Sharifi M., Varma R.S., Khatami M. Aplicações de nanomateriais em diversos regimes de odontologia. RSC Adv. 2020;10: 15430-15460.

Garde-Cerdán T., et al., Nanotecnologia: Avanços recentes em viticultura e enologia. J. Sci. Food Agric. 2021; 101:6156-6166.

Ghazanlou S.I., Ghazanlou S.I., Ashraf W. Melhoria das propriedades físicas e mecânicas do compósito à base de cimento com a adição de reforço BN-Fe3O4 nanoestruturado. Sci. Rep. 2021;11: 19358.

Ghernaout D., Alghamdi A., Touahmia M., Aichouni M., Messaoudene N.A. Nanotechnology Phenomena in the Light of the Solar Energy. J. Energy Environ. Chem. Eng. 2018; 3:1-8.

Ghosh S., Smith T., Rana S., Goswami P. Nanofinishing of textiles for sportswear (Nanoacabamento de têxteis para vestuário desportivo). Future Mater. 2020;3-4:44-49.

Ghosh T., Raj G.B., Dash K.K. A comprehensive review on nanotechnology-based sensors for monitoring quality and shelf life of food products (Uma revisão exaustiva dos sensores baseados na nanotecnologia para monitorizar a qualidade e o prazo de validade dos produtos alimentares). Meas. Food. 2022:100049.

Gibney S., et al., Toward nanobioelectronic medicine: Desbloquear novas aplicações utilizando a nanotecnologia. WIREs Nanomed. Nanobiotechnol. 2021;13: e1693.

Gõrmüs A. Livro de Actas do Congresso Internacional de Ciências Sociais (INCSOS 2019). Volume 1. Atlantis Press; Dordrecht, Países Baixos: 2019. Futuro do trabalho com a indústria 4.0; pp. 317-323.

Goyal R.K. Nanomaterials and Nanocomposites. CRC Press; Boca Raton, FL, EUA: 2021. O papel e as aplicações dos nanomateriais na indústria automóvel; pp. 51-59.

Gupta N., et al., Nanomedicine Technology and COVID-19 Outbreak: Aplicações e desafios. J. Ind. Integr. Manag. 2021;6: 161-174.

Hamad A.F., et al., The intertwine of nanotechnology with the food industry. Saudi J. Biol. Sci. 2018; 25:27-30.

Hanus M.J., Harris A.T. Inovações nanotecnológicas para o sector da construção. Prog. Mater. Sci. 2013;58: 1056-1102.

Hassan B.S., Islam G.M.N., Haque A.N.M.A. Aplicações da nanotecnologia nos têxteis: A review. Adv. Res. Text. Eng. 2019; 4:1038.

Hosnedlova B., et al., Application of nanotechnology based-biosensors in analysis of wine compounds and control of wine quality and safety: A critical review. Crit. Rev. Food Sci. Nutr. 2020;60: 3271-3289.

Huang H., et al., Sand-Based Economical MicrofNanocomposite Materials for Diverse Applications. ACS Appl. Mater Interfaces. 2022;14: 43656-43665.

Hulla J., Sahu S., Hayes A. Nanotechnology: History and future. Hum. Exp. Toxicol. 2015;34: 1318-1321.

Jagtiani E. Advancements in nanotechnology for food science and industry (Avanços na nanotecnologia para a ciência e a indústria alimentar). Food Front. 2022; 3:56-82.

Jahangirian H., et al., A review of drug delivery systems based on nanotechnology and green chemistry: green nanomedicine. Int. J. Nanomed. 2017; ume 12:2957-2978.

Jaiswal L., et al., Applications of nanotechnology in food microbiology (Aplicações da nanotecnologia na microbiologia alimentar). Front. Microbiol. 2019; 8:43-60.

Jeon J.-C. Conceção de um multiplexador QCA nanotecnológico utilizando NAND baseado em funções maioritárias para computação quântica. J. Supercomput. 2021; 77:1562-1578.

Kalita D., Baruah S. Nanomaterials Applications for Environmental Matrices (Aplicações de nanomateriais para matrizes ambientais). Elsevier; Amesterdão, Países Baixos: 2019. O impacto da nanotecnologia nos alimentos; pp. 369-379.

Karst D., Yang Y. Potential Advantages and Risks of Nanotechnology for Textiles (Vantagens e riscos potenciais da nanotecnologia para os têxteis). AATCC Rev. 2006;6: 44-48.

Khang D., et al., Nanotecnologia para a medicina regenerativa. Biomed. Microdevices. 2008; 12:575-587

King T., Osmond-McLeod M.J., Duffy L.L. Nanotechnology in the food sector and potential applications for the poultry industry. Tendências

Ciência Alimentar. Technol. 2018;72: 62-73.

Krifa M., Prichard C. Nanotechnology in textile and apparel research-An overview of technologies and processes (A nanotecnologia na investigação têxtil e do vestuário - uma panorâmica das tecnologias e processos). J. Text. Inst. 2020;111: 1778-1793.

Kubinová S., Syková E. Nanotecnologias em medicina regenerativa. Minim. Invasive Ther. Allied Technol. 2010;19: 144-156.

Kumar N., Dixit A. Nanotecnologia para aplicações de defesa. Springer; Berlim-ZHeidelberg, Alemanha: 2019. Role of Nanotechnology in Futuristic Warfare (Papel da nanotecnologia na guerra futurista); pp. 301-329.

Kumari A., Vyas V., Kumar S. Síntese, caraterização e aplicações de nanopartículas de ouro no desenvolvimento de sensores plasmónicos baseados em fibras ópticas. Nanotecnologia. 2022; 34:4.

Kumud M., Sanju N. Nanotechnology Driven Cosmetic Products: Marcos comerciais e regulamentares. Appl. Clin. Res. Clin. Trials Regul. Aff. 2018;5: 112-121.

Lamri M., et al., Nanotechnology as a Processing and Packaging Tool to Improve Meat Quality and Safety (A nanotecnologia como ferramenta de processamento e embalagem para melhorar a qualidade e a segurança da carne). Foods. 2021; 10:2633.

Loira I., Morata A., Escott C., Del Fresno J.M., Tesfaye W., Palomero F., Suárez-Lepe J.A. Applications of nanotechnology in the winemaking process. Eur. Food Res. Technol. 2020;246: 1533-1541.

Mazayen Z.M., et al., Pharmaceutical nano technogy: From the bench to market. Futur J. Pharm. Sci. 2022;8: 12.

McNeil S.E. Nanotecnologia para o biólogo. J. Leukoc. Biol. 2005;78: 585-594.

Misra R., Acharya S., Sahoo S.K. Cancer nanotechnology: Aplicação da nanotecnologia na terapia do cancro. Drug Discov. Today. 2010; 15:842-850.

Nikalje A.P. Nanotecnologia e suas aplicações na medicina. Med. Chem. 2015;5: 81-89.

Oberdorster G. Safety assessment for nanotechnology and nanomedicine: Conceitos de nanotoxicologia. J. Intern. Med. 2010;267: 89-105.

Opait G. Nanotecnologia e drones, arte do boom na tecnologia avançada. Econ. Appl. Inform. 2020;1: 93-104.

Palit S. Recent Advances in the Application of Nanotechnology in Food Industry and the Vast Vision for the Future [Avanços recentes na aplicação da nanotecnologia na indústria alimentar e a vasta visão para o futuro]. Nanoeng. Beverage Ind. 2020; 20:1-34.

Pandey G. Challenges and future prospects of agri-nanotechnology for sustainable agriculture in India (Desafios e perspectivas futuras da agro-nanotecnologia para uma agricultura sustentável na Índia). Environ. Technol. Innov. 2018;11: 299-307.

Papadaki D., et al., Fundamentals of Nanoparticles. Elsevier; Amesterdão, Países Baixos: 2018. Aplicações da nanotecnologia na indústria da construção; pp. 343-370.

Park K. Sistemas de administração controlada de medicamentos: Passado para a frente e futuro para trás. J. Control. Release. 2014; 190:3-8.

Park K. Facing the Truth about Nanotechnology in Drug Delivery (Enfrentando a verdade sobre a nanotecnologia na administração de medicamentos). ACS Nano. 2013;7: 7442-7447.

Petros R.A., DeSimone J.M. Strategies in the design of nanoparticles for therapeutic applications (Estratégias na conceção de nanopartículas para aplicações terapêuticas). Nat. Rev. Drug Discov. 2010; 9:615-627.

Pisarenko Z., Ivanov L., Wang Q. Nanotecnologia na construção: State of the Art and Future Trends (Estado da Arte e Tendências Futuras). Nanotechnol. Constr. A Sci. Internet-J. 2020; 12:223-231.

Primozic M., Knez Zeljko, Leitgeb M. (Bio)nanotechnology in Food Science-Food Packaging. Nanomaterials. 2021; 11:292.

Priyadarsini S., Mukherjee S., Mishra M. Nanotechnology in dentistry-A review. Int. J. Biol. Med. Res. 2012;3: 1550-1553.

Raj S., Jose S., Sumod U.S., Sabitha M. Nanotechnology in cosmetics: Opportunities and challenges. J. Pharm. Bioallied Sci. 2012;4: 186.

Rashidi L. Different nano-delivery systems for delivery of nutraceuticals (Diferentes sistemas de nano-entrega para a distribuição de nutracêuticos). Food Biosci. 2021;43: 101258.

Rickerby D., Morrison M. Nanotechnology and the environment: Uma perspetiva europeia. Ciência e Tecnologia. Adv. Mater. 2007; 8:19.

Roco M., et al. Nanoscience and Nanotechnology: Advances and Developments in Nano-Sized Materials. De Gruyter; Berlim, Alemanha: 2018.

Roco M.C. Nanotechnology Research Diretions for Societal Needs in 2020. Springer; Berlim/Heidelberg, Alemanha: 2011. The long view of nanotechnology development: The National Nanotechnology Initiative at 10 years; pp. 1 -28.

Sahani S., Sharma Y.C. Advancements in applications of nanotechnology in global food industry (Avanços nas aplicações da nanotecnologia na indústria alimentar global). Food Chem. 2021; 342:128318.

Saini J., Bhatt R. Global Warming-Causes, Impacts and Mitigation Strategies in Agriculture (Aquecimento Global - Causas, Impactos e Estratégias de Mitigação na Agricultura). Curr. J. Appl. Sci. Technol. 2020; 39:93-107.

Salamanca-Buentello F., Persad D.L., Court E.B., Martin D.K., Daar A.S., Singer P.A. Nanotechnology and the developing world. PLoS Med. 2005; 2: e97.

Salari M. Aplicações da nanotecnologia na construção: Uma breve revisão. Adv. Appl. NanoBio.-Technol. 2022;3:82-86.

Santos J., de Oliveira R.S., de Oliveira T.V., Velho M.C., Konrad M.V., da Silva G.S., Deon M., Beck R.C.R. Impressão 3D e nanotecnologia: Uma aliança multiescala na medicina personalizada. Adv. Funct. Mater. 2021;31: 2009691.

Schulte J. Nanotechnology: Global Strategies, Industry Trends and Applications. John Wiley & Sons; Hoboken, NJ, EUA: 2005.

Shafique M., Luo X. Nanotecnologia nos veículos de transporte: Uma panorâmica das suas aplicações, preocupações ambientais, de saúde e de segurança. Materials. 2019;12: 2493.

Sharma P.K., et al., Nanotechnology and its application: A review. Nano technol. Cancer Manag. 2021:1-33.

Silva G.A. Uma Nova Fronteira: A Convergência da Nanotecnologia, Interfaces Cérebro-Máquina e Inteligência Artificial. Frente. Neurosci. 2018; 12:843.

Singh N.A. Nanotechnology innovations, industrial applications and patents. Environ. Chem. Lett. 2017;15: 185-191.

Singh T., et al., Application of nanotechnology in food science: Perception and overview. Front. Microbiol. 2017;8: 1501.

Sobolev K., Shah S.P. Nanotechnology in Construction. Volume 292 Royal Society of Chemistry; Londres, Reino Unido: 2004.

Solanke I.A., Ajayi D., Arigbede A. Nanotecnologia e sua aplicação em medicina dentária. Ann. Med. Heal. Sci. Res. 2014;4: 171-177.

Talebian S., Rodrigues T., Neves J., Sarmento B., Langer R., Conde J. Factos e números sobre o progresso e investimento em ciência dos materiais e nanotecnologia. ACS Nano. 2021;15: 15940-15952.

Teizer J., et al., Nanotechnology and its impact on construction: Bridging the gap between researchers and industry professionals. J. Constr. Eng. Manag. 2012; 138:594-604.

Temesgen A.G., et al., Novel applications of nanotechnology in modification of textile fabrics properties and apparel. Int. J. Adv. Multidiscip. Res. 2018;5: 49-58.

Tsaramirsis G., et al., Uma abordagem moderna para um modelo de indústria 4.0: Das tecnologias de condução à gestão. J. Sens. 2022;2022: 5023011.

Ullah Z. Nanotecnologia e o seu impacto no computador moderno. Glob. J. Res. Eng. 2013;12: 34-38.

Usman M., et al., Nanotechnology in agriculture: Estado atual, desafios e oportunidades futuras. Sci. Total Environ. 2020;2020: 137778.

Vijayakumar M.D., et al., Paramasivam P. Evolution and Recent Scenario of Nanotechnology in Agriculture and Food Industries. J. Nanomater. 2022;2022: 1280411.

Vishwakarma K., et al., Nanomaterials in Plants, Algae, and Microorganisms. Imprensa Académica; Cambridge, MA, EUA: 2018. Potenciais aplicações e caminhos da nanotecnologia na agricultura sustentável; pp. 473-500.

Vogel H.G., Maas J., Gebauer A. Drug Discovery and Evaluation: Methods in Clinical Pharmacology. Springer; Berlim/Heidelberg, Alemanha: 2020. Nanotecnologia na medicina; pp. 533-546.

Waldron A., Spencer D., Batt C. The current state of public understanding of nanotechnology. J. Nanopart. Res. 2006;8: 569-575.

Walmsley G.G., et al. Nanotechnology in bone tissue engineering. Nanomed. Nanotechnol. Biol. Med. 2015; 11:1253-1263.

Weiss J., Takhistov P., McClements D.J. Functional materials in food nanotechnology. J. Food Sci. 2006; 71: R107-R116.

Werner M., Wondrak W., Johnston C. Nanotecnologia e transportes: Aplicações na indústria automóvel. Nanosci. Nanotechnol. Adv. Dev. Nano-Sized Mater. 2018;15: 260-282.

Xue J., Luo Y. Sustainable Food and Agriculture System: A Nanotechnology Perspective. ES Food Agrofor. 2021; 5:1-3.

Yadav C. Handbook of Polymer Nanocomposites for Industrial Applications (Manual de Nanocompósitos de Polímeros para Aplicações Industriais). Elsevier; Amesterdão, Países Baixos: 2021. Indústria alimentar e de bioprocessamento; pp. 295-324. [

Yamamoto B.E., et al., Development of multifunctional nanocomposites with 3-D printing additive manufacturing and low graphene loading. J. Thermoplast. Compos. Mater. 2019;32: 383-408.

Yetisen A.K., Qu H., Manbachi A., Butt H., Dokmeci M.R., Hinestroza J.P., Skorobogatiy M., Khademhosseini A., Yun S.H. Nanotechnology in textiles. ACS Nano. 2016;10: 3042-3068.

Yoon H.-J., Kim S.-W. Nanogeradores para alimentar sistemas médicos implantáveis. Joule. 2020;4: 1398-1407.

Yu H., et al., An overview of nanotechnology in food science: Métodos de preparação, aplicações práticas e segurança. J. Chem. 2018;2018: 5427978.

Zarogoulidis P., Domvri K., Huang H., Zarogoulidis K. Gene therapy for lung cancer malignant pleural effusion: Nano-biotecnologia atual e futura. Transl. Lung Cancer Res. 2012; 1:234-237.

Zelzer M., Ulijn R.V. Nanomateriais peptídicos de nova geração: Redes moleculares, interfaces e funcionalidade supramolecular. Chem. Soc.

Rev. 2010; 39:3351-3357.

Zhang P., et al., A Critical Review on Effect of Nanomaterials on Workability and Mechanical Properties of High-Performance Concrete (Revisão crítica do efeito dos nanomateriais na trabalhabilidade e nas propriedades mecânicas do betão de elevado desempenho). Adv. Civ. Eng. 2021; 2021:1-24.

Коргіака Ю.М., Байцар Р.1. Nanotecnologia no campo cosmético. Technol. Audit. Prod. Reserves. 2014;1: 15-17.

Singh S., Pandey S.K., Vishwakarma N. Handbook of Functionalized Nanomaterials for Industrial Applications. Elsevier; Amesterdão, Países Baixos: 2020. Nanomateriais funcionais para a indústria cosmética; pp. 717-730.

Katz L.M., et al., Nanotechnology in cosmetics. Food Chem. Toxicol. 2015;85: 127137.

Printed by Books on Demand GmbH, Norderstedt / Germany